黄金选冶技术与实践

主　编　李　琳　吕宪俊
副主编　由晓芳　王来军

中国矿业大学出版社

图书在版编目(CIP)数据

黄金选冶技术与实践 / 李琳,吕宪俊主编. —徐州:中国矿业大学出版社,2016.12
ISBN 978-7-5646-3389-9

Ⅰ.①黄… Ⅱ.①李… ②吕… Ⅲ.①金矿物—选矿 ②炼金 Ⅳ.①TD953 ②TF831

中国版本图书馆 CIP 数据核字(2016)第313539号

书　　名 黄金选冶技术与实践
主　　编 李　琳　吕宪俊
责任编辑 陈　慧
出版发行 中国矿业大学出版社有限责任公司
(江苏省徐州市解放南路　邮编 221008)
营销热线 (0516)83885307　83884995
出版服务 (0516)83885767　83884920
网　　址 http://www.cumtp.com　**E-mail**:cumtpvip@cumtp.com
印　　刷 虎彩印艺股份有限公司
开　　本 787×1092　1/16　**印张** 7.5　**字数** 188 千字
版次印次 2016 年 12 月第 1 版　2016 年 12 月第 1 次印刷
定　　价 26.00 元

前　言

黄金是人类最早发现和利用的金属之一，用途广泛。我国黄金资源丰富，也是世界产金大国，黄金产量自2008年开始连续保持全球第一。在黄金消费以及价格的刺激作用下，黄金的选冶技术也得到了迅速的发展。

为了满足我国黄金生产发展的需要，参考近年来的国内外文献资料，结合有关的科研与工程实践最新技术与成果，编写了本书。本书在系统阐述基本理论的基础上，总结了金矿石的选矿和浸出、难浸金矿石的预处理等典型提金技术，并对典型工艺的现场生产实践情况进行了详细介绍，力争反映出本领域国内外最新的发展动态。本书既可作为黄金选冶技术和科研人员的参考书，也可作为高等院校相关专业的教材。

本书由山东科技大学化学与环境工程学院李琳（第1～6章）、吕宪俊（第7～8章）、由晓芳（第9～10章），山东河西黄金集团有限公司王来军（第11章）共同编写，由李琳负责全书的统一整理和校核。参加编写的还有山东科技大学化学与环境工程学院贺萌、时杰和张伟。

在本书的编写过程中参考和引用了相关文献，谨向这些文献的作者致以真诚的谢意。

由于水平有限，书中错误和缺点在所难免，恳请读者批评指正。

编者

2016年10月

目　录

1 绪 论

1.1 概 述

金是人类最早开采和使用的一种贵金属。金具有可贵的抗蚀性、良好的物理力学性能和很强的稳定性，所以其用途十分广泛。长期以来，金主要用作货币和制造首饰及装饰品。20世纪60年代后期，由于镀金技术的飞速发展，金及其合金在喷气发动机、火箭、超音速飞机、核反应堆、电子器械和宇宙航行等方面得到广泛应用，已成为发展高新科学技术不可缺少的原材料。由于金在现代尖端科学技术领域中日益发挥重要作用，所以世界各国都非常重视金的生产，大力进行勘探、开采及选矿、冶炼方面的研究、开发和利用工作。

为了适应工业生产和科学发展的需要以及增加外汇储备，我国将大力发展黄金生产列为国策。国家不仅对黄金生产管理体制作了调整，并且大力开展金矿地质勘探、矿山建设和科研设计工作，目前在全国各地先后发现了一批新的金矿，不断扩大老企业的生产规模，积极研究、引进和消化新技术、新设备，使黄金生产工艺流程、机械装备和生产指标提高到了一个新的水平。

1.2 金的性质及用途

1.2.1 金的性质

(1) 物理性质

金，元素符号Au，在元素周期表中原子序数为79，原子量为197。金的相对密度很大，密度为19.32 g/cm^3，仅次于铂(21.15 g/cm^3)。金的熔点很高，为1 064.43 ℃，沸点为2 808 ℃，远高于常见的一些金属。金的挥发性很小，在1 100～1 300 ℃之间挥发性微不足道。

纯金为黄色，含银和铂时颜色变淡，含铜时颜色变深。将金加工成超薄金箔时，可呈现红色、紫色、深褐色等。金具有极好的延展性(延展率为40%～50%)，它的延展性在金属中排在第五位，但在压延下加工性能排在第一位，混入0.01%铅或0.05%铋时，变脆，延展性和可锻性都大大降低。金的硬度小、质软，用指甲可在金表面划出条痕。金的电阻率在0 ℃时是2.06 $\mu\Omega \cdot$cm，其导电性能仅次于银和铜，居于第三位。导热性能也很高，金的热导率为0.317 W/(m·K)。

(2) 化学性质

金的化学性质非常稳定，在低温或高温时都不会被氧直接氧化，在自然界中多呈自然金的形式，只与碲形成天然化合物——碲化金。

常温下,金不溶于单独的无机酸(如硝酸、盐酸、硫酸),但溶于王水(一份硝酸和三份盐酸)。因此,王水分解法是提取金的重要方法。在氧存在下,碱金属的氰化物溶液可以溶解金,这是氰化法从矿石中提取金的基础。金与氯气作用生成 $AuCl_3$,$AuCl_3$ 溶于水而生成一氧三氯金络阴离子$[AuCl_3O]^{2-}$,在酸性条件下加入盐酸则转化为氯金酸,这就是水溶液氯化法提取金的原理。水溶液中的三价金离子可被某些电负性较低的金属(锌、铁等)还原为单质金。

金最易与汞形成合金。这主要是由于金粒表面不易氧化,从而有利于汞向金内部扩散,混汞法即采用这一原理。

1.2.2 金的用途

由于金的化学性质稳定,质量和外形不易发生变化以及良好的机械加工性能和夺目的颜色光泽等一系列特殊性能,自古以来就是制造装潢品和首饰的理想材料。

金又是理想的货币材料,因为金同时具有货币的"价值尺度、流通手段、储藏手段、支付手段和世界货币"这五种职能,所以到目前为止还没有一种商品可代替它作为"国际货币"。一个国家黄金储备多少,常常是这个国家财力大小的一种标志。

黄金具有熔点高、耐强酸、导电性能好等特点,加之它的合金(如金镍合金、金钴合金、金钯合金、金铂合金等)具有良好的抗拉和抗磨能力,因此,黄金被广泛用于电气—电子工业及宇航工业上。金及其合金能焊接对焊缝的强度及抗氧化性要求很高的耐热合金件,如:喷气发动机、火箭、热核反应堆、超音速飞机等的零件。1969 年帮助人类首先登上月球的阿波罗 11 号火箭的通信器辑和电子计算机就使用了约 1 t 的贵金属材料。各种镀金部件可在高温条件下或酸性介质中工作,广泛用于制造高速开关的电接触元件、高精度的电阻元件,还可包在绝缘材料如石英、压电石英、玻璃、塑料等表面,用作导电膜或导电层。

黄金色彩华丽,永不褪色,日常生活中常用于制造装饰品,其中主要用来制造工艺品,世界各国均有许多名贵的金质的或其合金的工艺装饰品,如我国出土文物中的"金缕玉衣",现代的项链、耳环、戒指、头饰等。

金在医疗部门及一般工业上也得到普遍的应用:如镶牙,治疗风湿关节炎、皮肤溃疡,以及用金的放射性同位素 ^{198}Au 进行肝脏病的检查和治疗癌症方面都有所进展;在一般工业中广泛用于制造仪表零件、笔尖、光学仪器、刻度温度计及在人造纤维工业中用来制造金铂合金喷丝线头等。

1.3 黄金资源和生产需求概况

1.3.1 黄金资源

(1) 世界黄金资源

截至 2006 年全世界已开采出的黄金大约有 15 万 t,每年大约以 2%的速度增加。世界现查明的黄金资源量为 8.9 万 t,储量基础为 7.7 万 t,储量为 4.8 万 t。黄金储量和储量基础的静态保证年限分别为 19 年和 39 年。

黄金资源在世界各国的分布很不均衡,有 80 多个国家生产黄金,有 38 个国家的储量大于 50 t,其中储量为 50～500 t 的有 27 个、500～1 000 t 的有 4 个、1 000 t 以上的有 7 个,这 7 个金矿资源大国依次是南非、俄罗斯、美国、巴西、加拿大、中国和澳大利亚。南非占世界查明黄金资源量和储量基础的 50%,占世界储量的 38%;美国占世界查明资源量的 12%,占世界储量基础的 8%,世界储量的 12%。在世界 80 多个黄金生产国中,美洲的产量占世界 33%,其中拉美 12%,加拿大 7%,美国 14%;非洲占 28%,其中南非 22%;亚太地区占 29%,其中澳大利亚占 13%,中国占 7%。

(2) 我国黄金资源

中国黄金协会发布的《中国黄金年鉴 2015》显示,截至 2014 年底,我国探明黄金资源储量达到 9 816.03 t,逼近万吨大关,其中岩金为 7 777.66 t,伴生金 1 548.76 t,砂金 489.61 t。

我国金矿资源比较丰富,已发现金矿床(点)11 000 多处,矿藏遍及全国 800 多个县(市),已探明的金矿储量按其赋存状态可分为脉金、砂金和伴生金三种类型,分别占储量的 59%、13%和 28%。我国金矿分布广泛,除上海市、香港特别行政区外,在全国各个省(区、市)都有金矿产出。已探明储量的矿区有 1 265 处。就省区论,山东省的独立金矿床最多,金矿储量占总储量 14.37%;江西伴生金矿最多,占总储量 12.6%;黑龙江、河南、湖北、陕西、四川等省金矿资源也较丰富。

我国金矿中—小型矿床多,大型—超大型矿床少;金矿品位偏低;微细浸染型金矿比例较大;伴生多;金银密切共生。金矿床(点)主要分布在华北地台、扬子地台和特提斯三大构造成矿域中。中国难处理金矿资源比较丰富,现已探明的黄金地质储量中,这类资源分布广泛,约有 1 000 t 左右(金属量计)属于难处理金矿资源,约占探明储量的 1/4,在各个产金省份均有分布。

我国黄金资源在地区分布上是不平衡的,东部地区金矿分布广、类型多,砂金较为集中的地区是东北地区的北东部边缘地带,中国大陆三个巨型深断裂体系控制着岩金矿的总体分布格局,长江中下游有色金属集中区是伴(共)生金的主要产地。

1.3.2 黄金生产状况

(1) 世界黄金生产状况

21 世纪以来,随着全球经济的不景气,黄金价格非常低迷,这就导致全球黄金产量略有下降。从 2001 年的 2 645 t 下降到 2008 年的 2 415.6 t,下降绝对值达到了 229.4 t,平均年降幅 1.29%。然而,从 2009 年开始,全球黄金产量略有上升,2010 年达到 2 652 t,同比增长 2.63%。2011 年十大产金国共生产逾 2 660 t 黄金。2012 年,黄金企业生产的黄金总量为 2 690 t(据美国地质调查局),排名前 10 位的黄金生产国与 2011 年是相同的。

(2) 我国黄金生产状况

1949 年我国黄金产量仅为 4.07 t,到 1975 年也仅为 13.8 t,国内黄金总存量很少。从 20 世纪 70 年代开始,为解决外汇极度紧缺的问题,国家对黄金生产采取了一系列扶持政策,通过加大黄金企业的投入和改善技术装备,黄金工业逐步进入了发展的快车道。1995 年,我国黄金产量首次突破 100 t;2003 年突破 200 t;2007 年 270.491 t,首次超过连续 109 年世界产金之冠的南非,成为世界第一产金大国;2009 年突破 300 t;2012 年突破 400 t 大关,达到 403.047 t,比上年增加 42.090 t,增幅 11.66%,再创历史新高,连续 6 年位居世界第一。据中国黄金协会最新统计数据显示，2013 年我国黄金产量达到428.163 t，同比增长 6.23%，2014 年我国黄金产量达到 451.799 t，同比增长 5.52%，再创历史新高，连续八年位居世界第一。十大重点产金省（区）为山东、河南、江西、内蒙古、云南、湖南、甘肃、福建、湖北和新疆，这十个省（区）黄金产量占全国黄金总产量的 82.94%。十大重点黄金企业为中国黄金集团公司、山东黄金集团有限公司、紫金矿业集团股份有限公司、山东招金集团有限公司、湖南黄金集团有限公司、埃尔拉多黄金公司（中国）、云南黄金矿业集团股份有限公司、山东中矿集团有限公司、灵宝黄金股份有限公司和灵宝金源矿业股份有限公司，这十家企业矿产金产量占全国矿产金总产量的 45.65%。2013 年，上海黄金交易所各类黄金产品共成交 11 614.452 t，成交额共 32 133.844 亿元；上海期货交易所共成交黄金期货合约 4 017.565 万手，成交额共 107 090.620 亿元。我国黄金产量一直呈上升趋势，近年来黄金产量如表 1-1 所列。

表 1-1　我国近年黄金产量

年度	黄金产量/t	比上一年增长/%
2001	181.87	2.8
2002	189.80	4.4
2003	200.60	5.7
2004	212.33	5.9
2005	224.79	5.9
2006	240.49	7.7
2007	270.49	12.7
2008	282.00	4.3
2009	313.98	11.3
2010	340.88	8.57
2011	360.96	5.89
2012	403.05	11.66
2013	428.16	6.23
2014	451.80	5.52

1.3.3　价格

2005 年以来，受美元贬值、石油价格高涨带来通货膨胀等因素推动，黄金价格一路狂飙。自从 2005 年 11 月 29 日国际黄金价格达到 500 美元/盎司后，国际黄金价格就一路上扬，12 月 12 日国际现货黄金价格在纽约市场涨至 541 美元/盎司，刷新自 1981 年 4 月以来的历史新高。2006 年，在基金逢低买入以及原油价格高涨的带动下，金价持续上扬，并在 2 月初成功超越了 2005 年 12 月中旬的 24 年高点，达到了 575 美元/盎司。2 月下旬至 3 月下旬，金价经过了窄幅的波动，走出了一个双底形态。4 月初，价格突破双底，形成上涨之势。在基金大力推进下，金价疯狂上涨，从 4 月初的 580 美元/盎司直线上涨至 5 月中的 720 美元/盎司，涨幅达到了 24.13%。9 月初，受国际原油价格下跌的影响，金价也持续下跌，并在

10月初再次跌至560美元/盎司的低点。2007年1～8月，黄金价格在600～700美元/盎司之间振荡，从9月开始，黄金价格连破700美元/盎司和800美元/盎司大关，最高达到841.10美元/盎司，创28年新高。到2008年1月突破1980年创下的850美元/盎司的历史高位，到1月底已经突破900美元/盎司，3月中旬更创出1 000美元/盎司的历史最高位，4～7月在900美元/盎司左右的高位运行。7月之后，美国次贷危机逐渐引起了全球性的金融危机，国际油价持续走低，加之美元升值等因素，使得国际金价震荡下行，但依旧在700美元/盎司以上的较高点位。2009年11月2日，国际金价轻松刷新了10月中旬创出的历史纪录，新的纪录被定格在1 095.55美元/盎司，12月3日，黄金价格最高曾涨至1 226.52美元/盎司。2010年国庆前黄金价格突破1 300美元/盎司，在国际金价市场上引起一片惊呼，10月2日更高至1 314美元/盎司。进入2011年，金价走势可谓波澜壮阔，飞速上涨，9月金价一度创下1 920.94美元/盎司纪录最高水平。2012年黄金平均价格(以伦敦黄金定盘价为基准)为1 667.91美元/盎司。2013年对于黄金而言注定是不平凡的一年，在过去十余年黄金牛市中，黄金价格从未像2013年这样大幅下跌。第一阶段是1月到3月，金价从1 673.20美元/盎司降至1 596.95美元/盎司，黄金市场开始出现缓慢下跌的现象，但是整体跌幅并不是很大，大约近5%。第二阶段是4月到6月，金价从1 597.68美元/盎司跌至1 234.07美元/盎司，市场出现断崖式下挫，空头力量来势凶猛，金价跌幅达26%，整个二季度成为全年跌幅最大的阶段。第三阶段是7月到8月，金价从1 233.46美元/盎司上升至1 394.73美元/盎司，市场出现了本年度唯一一波像样的反弹，上涨13%。截止到12月30日，国际金价的下跌幅度已达12%，价格在1 197美元/盎司附近。

1.3.4 黄金需求消费状况

黄金兼具商品与金融工具的双重特点，其需求可分为黄金饰品、工业用金、投资品和各国官方当局黄金储备四大类。

(1) 饰品需求。随着经济的持续增长，民众收入水平持续提高、生活质量不断改善，将加大黄金饰品消费。全世界生产的黄金，几乎有90%是用于制造首饰。

(2) 投资需求。黄金具有储备和保值资产的特性，可以作为投资品赚取金价波动的差价。投资者对黄金投资品的需求除了与整个宏观经济相关之外，还受到资本市场、外汇市场等其他替代市场变化的影响。目前，国际经济复苏前景尚存在不确定性，世界局部地区政治局势动荡，石油、美元价格走势不明朗，而黄金现货及其依附于黄金的衍生品种众多，凸显黄金的投资价值，黄金的投资需求依然较为强劲。

(3) 工业需求。黄金在工业领域的应用越来越广泛：例如在微电子领域越来越多地采用黄金作为保护层；牙科诊疗中，越来越多地使用黄金修复牙体缺损、缺失或用于矫正。尽管黄金价格高昂，但随着经济的发展，黄金以其特殊的金属性质使其需求量仍然保持较高的水平。

(4) 官方储备需求。随着世界经济发展呈现多极化的趋势，以及经济复苏中的不确定因素对各国货币体系的冲击，传统的美元、欧元、日元等货币在世界各国外汇总储备中的重要性有所下降，加之黄金特有的保值抗通胀的功能，世界各国均开始重视黄金在外汇储备中的地位。在世界经济走势不稳定的环境下，很多国家中央银行亦在逐渐增加对黄金的需求。从各国央行官方储备来看，美国依然是持有黄金储备最多的国家，且在其总储备中占比最大;我国的黄金储备在世界排名第 6,但由于我国外汇储备额较高,因此黄金储备占总储备的比重偏低。

从黄金的整体消费状况来看,印度是最大的黄金消费国,2004 年消费黄金 617.7 t;美国是第二大黄金消费国;中国在 2005 年的时候黄金消费量超过土耳其,跃居第三位。从近十年来中国黄金产业的供应与需求看,一直呈现供不应求的局面,生产量一直少于消费量,尤其是在 20 世纪 90 年代,供需缺口表现得更为明显。2000 年之后这一情况有所缓解,黄金生产量稳步增长。世界黄金协会(World Gold Council)发布数据显示,印度、中国、美国、德国、土耳其、瑞士、泰国、越南、俄罗斯、沙特阿拉伯是全球黄金总消费最大的 10 个国家;2012 年十大消费国黄金总消费量达到 2 734 t,占当年全球实物黄金总消费量的 62.06%。

据中国黄金协会最新统计数据显示,2011 年,全国黄金消费量 761.05 t,其中:黄金首饰 456.66 t,金条 213.85 t,金币 20.80 t,工业用金 53.22 t,其他用金 16.52 t。2012 年,全国黄金消费量 832.18 t,其中:黄金首饰 502.75 t,金条 239.98 t,金币 25.30 t,工业用金 48.85 t,其他用金 15.3 t。2013 年我国黄金消费量首次突破 1 000 t,达到 1 176.40 t,其中:首饰用金 716.50 t,金条用金 375.73 t,金币用金 25.03 t,工业用金 48.74 t,其他用金 10.40 t。

1.4 金的矿床地质

1.4.1 主要工业金矿物

目前世界上已发现的金矿物和含金矿物有 98 种,常见的有 47 种,而金的工业矿物仅有 10 多种,其中主要是自然金,常含有银并与银构成固溶体系列,如银金矿、银铜金矿和铜金矿等。金与铂族元素呈类质同象混入,有钯金矿、铑金矿、铂银金矿、钯铜金矿和锇铱金矿等。

金与铋结合的铋金矿,与碲结合的碲金矿、亮碲金矿、白碲金银矿、针碲金银矿、碲铜金矿和叶碲金矿等均有发现。

目前只发现一种金和银的硫化矿物——硫金银矿和一种金和银的硒化物矿物——硒金银矿物,没有发现单一的金的硫化矿物和金的硒化矿物。

1.4.2 主要工业金矿石类型

金矿石类型的划分方案很多。根据矿石的物质组成及金的选矿工艺特点可做如下划分:

(1) 单一含金矿石。该类矿石中金是唯一的回收对象,常见的包括石英脉型金矿、含金氧化矿石等。主要根据金的嵌布粒度和赋存状态选择选矿工艺。

(2) 含金黄铁矿型矿石。除金矿物外,主要金属矿物为黄铁矿,金与黄铁矿伴生关系密切,常采用浮选—氰化联合工艺或混汞—浮选流程。

(3) 含砷金矿石。该类矿石中含有较多的砷黄铁矿、毒砂、雄黄等含砷矿物。由于砷对氰化过程有不利的影响,使之成为难处理金矿,因此选冶过程中要脱除砷,常采用浮选—浮精焙烧或预处理(细菌氧化或加压氧化)—氰化工艺。

(4) 含碳金矿石。含碳量高,如无定形活性炭、高分子碳氢化合物、腐植酸类有机物等,由于碳质物可以与金氰络合物发生作用,不利于氰化提金,因此,也需要采用化学氧化法、焙烧等预处理,使碳质物氧化分解,然后氰化。

(5) 含铜金矿石。该矿石中铜矿物含量较高,一般还伴有黄铁矿,铜矿物种类不同,对氰化过程的影响也不同。原生硫化铜矿物(黄铜矿)对氰化影响不大,易氧化的铜矿物(蓝铜矿、斑铜矿、辉铜矿、赤铜矿、孔雀石)将使矿浆中的铜离子增加,显著消耗氰化物。含铜金矿石通常采用浮选—氰化工艺回收金、铜两种有价金属。

(6) 含金多金属硫化矿。该类矿石中硫化物组成复杂,含多种有价金属,如含金铜镍矿、含金铅铜矿、含金铜铅锌矿、含金铅锌矿等。这类矿石综合利用价值高,选矿工艺通常比较复杂。

1.4.3 主要金矿床类型

金矿床的工业分类可分为岩(脉)金矿床和砂金矿床。

(1) 岩(脉)金矿床

岩金矿床又称原生金、矿金,是指具有工业开采价值的含金矿脉,是目前产金的最重要的资源。国内目前对岩金矿床工业类型的划分尚无统一标准,一般参照岩(砂)金地质勘探规范如下:

① 石英脉型金矿床。该类矿床分布最为广泛,也是我国当前生产的重要工业类型。矿体围岩界限明显,矿床规模大小不等。金品位较富,常伴生有银。金属矿物以自然金、银金矿、黄铁矿为主,脉石矿物以石英为主。石英脉型金矿分布非常广泛,河南、陕西、吉林、河北、内蒙古、山东、山西和湖南都有分布。

② 破碎带蚀变岩型金矿床。该类矿床是我国近几年发现的重要工业类型,储量仅次于石英脉型金矿床。该矿床的规模一般较大,矿石金品位高且易采易选。金属矿物以自然金、银金矿、黄铁矿为主,脉石矿物以石英、绢云母和长石为主。该矿床主要分布在山东招远地区,如焦家、新城、三山岛、河东等。

③ 斑岩型金矿床。矿床规模大小不等,以大型为主。矿石中金属矿物主要为自然金、自然银、银金矿和黄铁矿,脉石矿物主要为石英、方解石和白云石。这类矿床主要分布在黑龙江、吉林等地。

④ 砾岩型金矿床。又称"兰德型金矿床",是世界上目前储量和产量最大的金矿床。矿石中除金外,伴生有铀、钍、稀土等元素。南非、加拿大、巴西分布较多,我国尚无重大发现。

⑤ 沉积变质型金矿床(霍姆斯塔克型)。美国第一大金矿床。矿床具有明显的沉积变质特征,金矿体明显受地层层位控制,多形成中—大型矿床。

⑥ 微细粒浸染碳酸盐型金矿床(卡林型)。美国第二大金矿床。矿石含金品位较低,但矿床规模巨大。矿石中硫化物含量低,以碳酸盐、石英、黏土矿物为主。金主要呈微细次显微金、显微金的形式赋存于硫化物、碳酸盐和黏土矿物中。

⑦ 伴生金矿床。国外伴生金主要来源于斑岩型铜矿床,我国除此之外,在矽卡岩型铜矿床中伴生金的储量也很可观。

(2) 砂金矿床

砂金矿床按其形成条件和部位可划分为以下几种类型:

① 残积砂矿。形成于原地，由原生矿床上部的松散和破坏而成。

② 坡积砂矿。沿分布有原生矿床的斜坡受重力向下移动的残积砂矿物质，又分为原坡积砂矿和崩积砂矿两类。

③ 冲积砂矿。通常产在河谷，是破碎物质被水流搬运和沉积而成的。

④ 三角洲砂矿、湖泊砂矿和潟湖砂矿。借助于水流携带的碎屑物质在三角洲湖泊和潟湖中堆积而成的。

⑤ 滨岸砂矿。海滨砂矿和湖滨砂矿是碎屑物质被拍岸浪和沿岸水流不断搬运和堆积而形成的。

⑥ 冰川砂矿。流动冰川造成的碎屑物质经过搬运和堆积在山区形成的。

我国砂金资源也较丰富，从目前的生产情况看，主要以各种类型的冲积砂矿为主，分布于黑龙江、吉林、四川、陕西、新疆和甘肃等地。

1.5 金的工艺矿物学特性

工艺矿物学是指导和服务于选冶工艺研究的矿物学研究，其任务是确定选矿及处理方法、选择工艺流程和为确定工艺理论指标提供依据，并为预测、控制金属损失和评定工艺处理效果提供科学依据。主要的研究内容可以大致概括为以下几个方面：

(1) 化学组成和矿物组成。

(2) 有价和有害元素的赋存形态以及各相态的含量。

(3) 矿物的晶体化学特性，物理、化学及表面物理化学性质，以及如何利用和改变这些性质为选冶服务。

(4) 矿物的结构构造，即矿物的形态、粒度、分布、相互关系、嵌布类型等以及它们被加工和利用过程中的特性及变化。

金矿石的工艺矿物学研究也不例外，但由于金在矿石中的含量低，金矿物类型较单一，加之金选冶工艺的特殊性，因此对金的粒度测定和统计，对金在不同矿物中的分布和存在状态的测定分析，对影响氰化和混汞的金粒表面性质的研究，对影响氰化和混汞的有害元素、有害矿物的研究和测定等，是金矿石工艺矿物学研究的重点。

1.5.1 金的赋存状态

金的赋存状态是指金在矿石中的存在形式，主要是确定金究竟是以何种矿物存在，或以分散状态存在于何种矿物中，并作定量和尽可能查清分散相的性状。金的赋存状态是由原子结构和晶体化学性质及伴生元素的种类、数量和性质决定的。金在矿石中可呈以下三种赋存状态：

(1) 夹杂金。矿石中不同尺寸的金矿物颗粒或粒子，与其相邻矿物中元素无化学键关系，只是一种伴生关系，即"独立矿物"是矿石中金赋存的主要状态。

(2) 类质同象金。类质同象金是指矿石中金的部分构造位置被其他元素所占据。如金与银的原子半径相近，分别为 144.2 pm 和 144.5 pm，所以它们可互相替换进入对方矿物晶格，构成类质同象金，即固溶体状态。类质同象金是矿石中金赋存的主要状态。

(3) 吸附金。吸附金以离子或离子团的形式被符号相反的离子团所吸附。如贵州黔西南金矿，分布面积大，含金品位较高，属大型金矿床。但未发现可见的自然金和其他金的独立矿物。而且该矿床金在硫化物中的分布率仅占原矿的5.83%，实际上占总量93.71%的金赋存在以水云母为主的黏土矿物中，研究认为粒度约为0.1 μm的胶体金被云母为主的黏土矿物所吸附，是一种新类型金矿。

查清矿石中金矿物种类是重要的。虽然已经知道在自然界中金多呈自然金和金银系列的矿物存在，但有的金矿床也存在一些金与半金属元素如碲、铋等形成的天然化合物，它们不能用混汞和氰化提取，应采用其他相应的工艺，否则会造成金属流失，同时也不能正确地评价选冶工艺的合理性。即使是金—银系列的矿物，也应根据其金、银含量定出亚种类为宜，因为银含量高的矿物表面容易形成一层薄膜，影响混汞和氰化效果。使用电子探针或化学物相分析均能查清金矿物种类。

1.5.2 金粒嵌连关系

金粒是指不同尺寸的各种金矿物颗粒的总称。金粒的嵌连关系是指金粒的空间位置，可用金粒其他矿物的相互关系来表征，金粒嵌连关系分为裂隙金粒、粒间金粒和包裹金粒三类。裂隙金粒中金矿物颗粒界线被裂隙壁所限制，即金粒位于一种矿物的裂隙中。粒间金粒是指金粒界线与两种或两种以上矿物颗粒相邻或相切，也就是金粒处于两种或更多种矿物颗粒之间。包裹金粒界线被其他矿物颗粒界线所限制，但不相切，即金颗粒被一种矿物颗粒完全封闭。

处于矿石力学上薄弱部位的金，如裂隙金、孔洞中或是弱化了的矿物颗粒界面中的金粒，在破磨过程中将会优先解离，溶液可通过这些结构的部位扩散后与金粒接触作用。而包裹金尤其呈微—亚微粒包裹的金粒由于被封闭而难以与溶液接触，所以氰化提金或混汞提金效果都不会令人满意。

1.5.3 金粒粒度

金粒的粒度测定和金粒嵌连性质测定一样是选择金矿处理工艺的重要依据。金粒的粒度是指金粒所占空间的大小，用其能通过的筛孔的最小尺寸表示，或用金粒短径方向上能通过筛孔的最大截距表示。当用镜下测定时多用粒子直径或宽×长尺寸来表示单个金粒大小。

金粒粒级范围的划分方法很多，国内学者结合选矿工艺特征将金粒分类。一般认为0.3 mm是浮选和混汞的上限，0.1 mm是机械选矿的下限，而0.074 mm是氰化提金粒度上限，也是通常磨矿细度的标准界限。0.5 μm则是光学显微镜所能检测的限度。依此可将金粒划分为：巨粒金(大于2.0 mm)、粗粒金(0.3～2.0 mm)、中粒金(0.074～0.3 mm)、细粒金(0.01～0.074 mm)和微粒金(0.000 5～0.01 mm)，粒度小于0.5 μm的金粒为次(亚)显微金，只有借助电子显微镜方可判定。

巨粒金和粗粒金只能用重选法富集，中、细粒金可用混汞法提取，细粒金应用浮选法或氰化回收最有效，而微粒金及次显微金由于难以甚至不可能单体解离或暴露，只能在载体矿物精矿的冶炼过程中提取。

1.5.4 金的化学成分

自然界中金粒的成分主要是金和银。按颗粒中金银比例不同将自然金与金银系列矿物分类见表 1-2。

表 1-2 金粒的化学成分(%)

金矿物	自然金	含银自然金	银金矿	金银矿	含金自然银	自然银
Au	>90	80～90	50～80	20～50	10～20	<10
Ag	<10	20～10	50～20	80～50	90～80	>90

电子探针是目前确定单个金粒成分最有效的方法。如要确定金矿物的平均成分，最好采用重砂提取—化学分析方法或化学溶矿—残渣分析方法。只有知道金矿物的平均成分才会对了解选冶过程及产品质量起一定作用。

通常谈及金的品质时多用“成色”一词，这是个商业术语，主要用于描述冶炼产品、金制品中金的含量和杂质含量。常用含金的千分数或开制数表示，两者的关系见表 1-3。

表 1-3 含金千分数与开制数的关系

含金百分数/%	含金千分数/‰	开制数/K
100	1 000	24
91.7	917	22
75.0	750	18
58.5	585	14
41.6	416	10

1.5.5 金粒表面薄膜

金粒表面覆盖膜是指表面有一层薄膜或失去光泽的金粒，按表面薄膜覆盖的程度可划分为无膜、不完全表膜和完全表膜。

(1) 无膜：表面清洁，光滑。

(2) 不完全表膜：表面没有完全覆盖或虽被完全覆盖，但表膜具有多孔性质。

(3) 完全表膜：金粒被完全覆盖或完全失去光泽。据其结构疏松程度，又可分为两个亚类。一个亚类是疏松的膜，4 h 机械搅拌能使部分或全部脱除；另一个亚类是微密的覆膜，只能用化学方法除去。

薄膜的覆盖隔离了药剂与金粒的作用，对混汞、浮选及氰化提金等都有不利的影响。金粒表面覆膜可通过各种仪器分析和测定其结构和成分。

2 金矿石的重选

2.1 概　　述

重选法是利用矿粒的密度和粒度的差异，借助于介质流体动力和外界产生的各种机械力的联合作用，造成适宜的松散分层和分离条件，从而获得不同密度或不同粒度产品的工艺过程。在国内外的选金厂中，采用重选是极为普遍的。

重选不仅是砂金矿石的传统提金方法，而且是最基本的选矿方法，又是目前含有游离金、品位极低的含金矿石及尾矿等进行粗选的唯一方法，也是回收难溶金最优先采用的方法。

大多数含金矿石中都含有一定数量的粗粒游离金（＋0.1 mm），用浮选法、湿法冶金处理都难以回收，因此重选多用于选别砂金。重选常用于脉金在浮选和浸出前后回收单体解离的粗粒金，并常与混汞法配合使用。

在氰化选厂中，原生矿床的含金矿石中含有足够多的粗粒金，而这些粗粒金能在矿石准备回路中从连生体中解离出来，可用重选进行预先回收，而有助于简化氰化流程。

在从金矿石中选金的现代化生产实践中，广泛应用的重选设备有跳汰机、溜槽、摇床、螺旋选矿机、圆锥选矿机、短锥水力旋流器、圆筒选矿机和新型离心选矿机等。

2.2 重力选金方法及设备

2.2.1 跳汰机

跳汰选别原理可简述为被分离的矿物颗粒在振动（脉冲）的垂直交流介质中，依其相对密度的不同沿垂直面分层而得到分离，最常用的介质为水，而介质的脉冲由专门的传动机构产生。分选过程大致为将待分选的矿石给到跳汰室筛板上构成床层。水流上升时床层就被推动松散，密度大的颗粒滞后于密度小的颗粒，相对留在了下面；接着水流下降，床层趋于紧密，重矿物颗粒又首先进入底层。如此经过反复的松散—紧密，最后达到矿物按密度分层。将上层和下层矿物按一定方式分别排出后，即得到精矿和尾矿。

跳汰机有多种结构形式，按推动水流运动机构的不同可分为以下五类：活塞跳汰机、隔膜跳汰机、无活塞跳汰机、水力鼓动跳汰机和动筛跳汰机。

选金常用的跳汰机主要为各种类型的隔膜跳汰机。隔膜跳汰机按隔膜安装位置的不同，分为三种类型：① 旁动（或上动）式隔膜跳汰机，隔膜位于跳汰室旁侧；② 下动式隔膜跳汰机，隔膜水平地设在跳汰室下方，并有可动锥底形式和将隔膜安装在筛板下方两种形式；③ 侧动式隔膜跳汰机，隔膜垂直安装在机箱筛下侧壁上，分为内隔膜和外隔膜两种。

圆形跳汰机(见图 2-1)是采金船上常用的设备。圆形跳汰机的特点是给矿与水一起给到跳汰机的中心,跳汰室上面有耙动机构,通过刮板的旋转使入选物料较为均匀地分配到床层表面,并使物料输送加快。安装在锥体斜壁上的隔膜传动装置,采用液压机构,形成锥齿波振动。由于它的后缩行程快,向下行程慢,几乎没有跳汰机筛下水。这种圆形跳汰机特别适用于处理含细粒金的砂金矿。

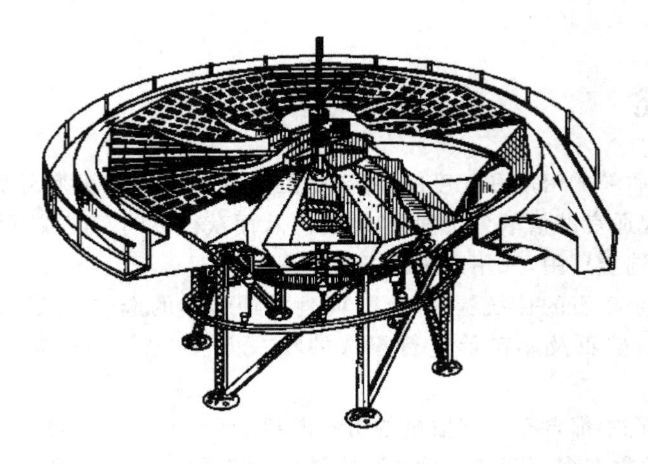

图 2-1　圆形跳汰机

影响跳汰选金回收率和品位的主要工艺参数是人工床层规格、脉冲频率及振幅、筛下水流的上升速度、生产能力和给矿浓度等。同时物料的含泥量也明显影响选金效果,当入选物料含有较多泥时,应采用预先脱泥后再入选以提高选别指标。

2.2.2　溜槽

溜槽选金是在斜槽中借助于斜面水流进行选金的方法,20 世纪 70 年代各种类型的溜槽是选金的主体设备,得到了广泛的应用,目前许多选金厂仍继续使用。现在,可动溜槽取代了原有的溜槽,已经研制出振动式、摇动式、脉动式,形状由原来的条形发展成为尖缩形、螺旋形、多头螺旋形等多种多样的形式。

溜槽选别设备可分为固定溜槽、振动溜槽、溜槽筛、可动式机械溜槽和可翻转式溜槽等。溜槽按作业制度分为浅填溜槽(小溜槽)和深填溜槽。前者用于选别粒度小于 16 mm 的砂金矿,后者适用于大粒度砂金矿,给矿粒度可达 50～100 mm。用溜槽选金的回收率主要取决于按面积或宽度的单位给矿量、矿浆浓度、溜槽倾角、槽面特性、入选物料的金含量和粒度组成。

振动溜槽是固定溜槽的改进型,形成了复合选金力场,可通过强烈振动使矿料松散,而有利于强化对金的回收。

溜槽筛是将矿料在水流中的湿式筛分与按相对密度选别结合在一起的新型设备,形状为具有平行壁和双层底的尖缩溜槽。选别时矿料以薄流层沿导向板给到溜槽的上底面,进而流到沿上底面铺设的筛网上,细粒物料,特别是重矿物,穿过运动着的物料层和筛孔进入溜槽的下底面,在沿下底面运动的过程中,筛分产品被分层,精矿或是通过槽底的横向窄缝排出,或是由扇形排料流的底层截取。这种设备在采金船上使用较多。

可动式机械溜槽分为可动式溜槽(皮带溜槽)和翻转式溜槽两类,现已有分段组合可动式金属结构溜槽、可动式溜槽和翻转式溜槽等。这些设备已在采金船上得到应用。可动式溜槽特点是通过溜槽的转动和压力水的冲洗,无须取出捕集覆面就可以清洗精矿,洗矿所用时间大为降低,可显著提高溜槽作业效率。

翻转式溜槽的结构包括两个底面相对并可沿长轴翻转的溜槽,已完成作业的溜槽翻转并清洗精矿时,由已经经过清洗的另一溜槽进行选别作业。翻转式溜槽可作为采金船有效的清洗设备。

2.2.3 摇床

摇床属于流膜类选矿设备,它是由早期的振动溜槽发展而来的。摇床选矿过程包括床面推动和水流所产生的松散分层和搬运分带两个基本内容。由于摇床具有富集比高而处理能力低的特点,广泛应用于砂金矿的精选。对于砂金矿的精选,精矿中金的回收率可达到98%～99%,因此,摇床常作为精选设备与跳汰机、螺旋选矿机、圆锥选矿机等配合使用。

影响摇床选别效果的工艺参数是摇床的冲程和冲次、倾角、床面形状及格条形式、处理量、给矿浓度和冲洗水量。因此,许多国家都进行了新型摇床、摇床结构和新型床面等方面的研究,以提高摇床的选别效果和处理能力。在提高生产能力方面,菱形床面摇床和多层摇床是最有前途的。菱形床面摇床与传统矩形和梯形床面摇床相比,具有更大的有效作业面积,其处理能力和选别指标均较高,国外选金厂较多采用这种床面,而国内则普遍应用梯形床面。

2.2.4 圆筒选矿机

圆筒选矿机在提金厂用于磨矿回路中分离游离金。圆筒选矿机是一空心圆筒,其内衬橡胶带有高 2～4 mm 的格条。格条方向与圆筒母线成 150°角。圆筒与水平线成 70°～90°角安装,并可绕其水平轴旋转,转速为 2～6 r/min。圆筒里面设有上下喷淋器和精矿溜槽。原料以矿浆形式送至圆筒的上端,当物料向下运动时,发生分层。为了很好地分层,通过下部喷淋器加入补充给水。沉落到圆筒表面上的金和其他重矿物颗粒被格条捕集,并向上输送,在此,由上部喷淋水冲入精矿溜槽。脉石轻颗粒由水流冲向圆筒下部带出。圆筒选矿机比跳汰机回收的金更细,而且其生产率比溜槽高。

2.2.5 螺旋选矿机

将一个窄的长槽绕垂直轴线弯曲成螺旋状,便构成螺旋选矿机或螺旋溜槽,所以它们仍属溜槽类选别设备。螺旋选矿机和螺旋溜槽两者的主要区别在于槽断面形状不同,相应的其他结构参数也有所不同。

螺旋选矿机槽体断面轮廓线为二次抛物线或椭圆的 1/4 部分,现常用复合形槽体或其他更有利于分选的轮廓线。槽底除沿纵向(矿流方向)有坡度外,沿横向(径向)亦有相当的向内倾斜。矿浆自上部给入后,在沿槽流动过程中粒群发生分层和分带,进入底层的重矿物颗粒沿槽底的横向坡度向内线移动,位于上层的轻矿物则随流动的矿浆沿着槽的外侧向下运动,最后由槽的末端排出,成为尾矿。沿槽内侧移动的重矿物颗粒速度较低,通过槽面上的一系列排料孔排出。由上面排料孔得到的重产品质量最高,可作为最终精矿,由下面各孔排出的产品质量逐渐降低，可作为中矿返回处理。从槽的内缘给入冲洗水，可以提高重产品的质量。

螺旋溜槽的结构特点是断面呈立方抛物线形状，底面更为平缓。目前，国内外已开发出旋转螺旋溜槽、振动螺旋溜槽和振摆螺旋溜槽。

螺旋选矿机比螺旋溜槽更广泛地应用于砂金矿的选别中，并在国内外获得广泛的应用，在采金船上广泛应用于粗选和扫选，而螺旋溜槽则主要用于选别砂金矿中的细沙或矿泥，用螺旋溜槽可回收粒度细至 40～50 μm 的金粒。

与跳汰机相比，螺旋选矿机无运动部件，结构简单，占地面积少，操作控制简单，生产费用低，但存在圆球形金粒的回收率低、富集比不高等缺点。对含黏土质砂金矿，用螺旋选矿机比用跳汰机选别效果好；同时试验表明，矿砂在给入螺旋选矿机之前预先脱泥，不仅对稳定选别过程有良好的作用，而且矿砂经脱泥后选别，金的作业回收率平均提高 3%～4%。

螺旋选金效果主要与螺旋半径、断面形状及长度和螺旋线的导程角等因素有关。试验已表明，用螺旋选矿机处理粒度为 1.4～0.044 mm，矿浆浓度为 20%～50%固体的物料时，直径 600 mm 的螺旋选矿机的生产能力最佳，单螺旋最高为 1.3～2.7 t/h。研究结果也表明，装在采金船上的螺旋选矿机选别砂金矿具有相当高的作业效率。

目前，螺旋选矿机的发展是大型化、螺旋的多头化和断面形状的复合化，以提高设备的处理量和选别指标。

2.2.6 圆锥选矿机

圆锥选矿机又称为赖切特圆锥选矿机。圆锥选矿机可看作是将圆形配置的尖缩溜槽的侧壁去掉，而形成的圆锥工作面，由于消除了尖缩流槽的侧壁效应和对矿浆流动的阻力，因而改善了分选效果和提高了单位槽面处理能力。圆锥选矿机是由多层槽面构成的，它目前已广泛用于采金船和选金厂中。

当前应用的圆锥选矿机多是将分选锥作垂直多层配置，在一台设备上实现连续的粗、精、扫选作业。图 2-2 所示为三段圆锥选矿机的工作过程。为平衡各作业的矿量，给矿量大的粗选和扫选圆锥被制成双层。层面间距离约 70 mm，在分配锥的周边等距离地间断开口，将矿浆均匀地分配到两个锥面上。精选用圆锥是单层的。由精选圆锥得到的重产品再在尖缩溜槽上精选。这样由一个双层锥、1～2 个单层锥和一组尖缩溜槽组成的组合体称作一个分选段。底层最末段通常不再设单锥。由各段双锥排出的重产品进入单锥精选时，需加水降低深入度，而轻产品在进入扫选锥分选前，最好脱除部分水量，设备最后产出废弃尾矿和粗精矿，另有产率大约占 20%的中矿返回本设备循环处理。

圆锥选矿机适宜的处理粒度范围是 3～0.15 mm，小于 0.15 mm 粒度分选效果不好。圆锥选矿机具有处理能力大、生产成本低和回收率高的优点，但富集比较低，适合于处理数量大的低品位矿石，是粗选和扫选的好设备。在瑞典的波立登选矿厂的多金属重选流程中，也采用圆锥选矿机和螺旋选矿机来回收伴生金。

2.2.7 短锥水力旋流器

一般选厂采用的普通水力旋流器，其锥角不大于 20°，其作用主要是对物料按粒度进行分组或脱泥，被处理物料组分的相对密度对其影响不大。试验表明，当旋流器锥角从 20°逐

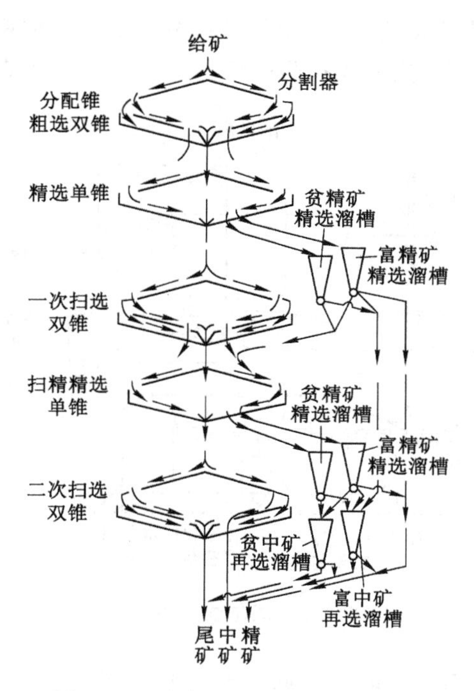

图 2-2　三段圆锥选矿机的工作过程

步增大到 120°，在沉砂口直径不变的情况下，沉砂产率由 60%左右逐步下降到 30%左右，而重矿粒的回收率却都稳定在 75%左右，这在选金时表现得更为明显。由此可见，随着锥角的不断增大，入选物料中各矿物组分之间的相对密度差对分选所起的作用就变得越来越大。当旋流器的锥角不小于 90°时，水力旋流器对矿物的分选主要是按相对密度来进行的。

旋流器锥角增大时，沉砂产率相应变小，而重矿物在沉砂中的回收率则基本稳定，就是说富矿比随锥角的增大而提高。由此可见，增大旋流器锥角对相对密度大的矿物可以获得很好的分选效果，其原因是在钝角的圆锥内表面上形成了由粗粒和重粒子组成的旋转床层，这一床层比小锥角旋流器锥面上床层松散，而且排出速度较低，这样就有利于重粒子的渗入。同时还可以防止上升水流对渗入床层中的重矿粒的冲刷作用，从而使重矿粒子在离心力的作用下，得到较大的富集后从沉砂口排出。生产实践表明，在大处理量的情况下，它对细粒金的选别效率很高，同时，用短锥水力旋流器回收细粒游离金，指标优于跳汰机、螺旋选矿机和圆锥选矿机。因此，短锥水力旋流器在 20 世纪 80 年代在回收颗粒小于 0.15 mm 的游离金方面在国内外得到了最广泛的应用，特别是在含金尾砂的粗选中得到了极广泛的应用。

由于短锥旋流器属于外加压力分选细粒物料的旋流器型离心选别设备，施加于矿粒的离心力场有限，不能达到高富集比，因此特别适用于处理贫料的粗选作业产出粗精矿。

2.2.8　尼尔森离心选矿机

尼尔森离心选矿机于 1980 年开始在加拿大工业上使用。它的分选机构由两个立式同心转筒构成。外转筒为不锈钢圆柱体，主要作用是与内转筒构成一个密封水套，并且带动内转筒旋转。内转筒是一个半锥度为15°的塑料锥形分选器。其内圈由数条来复圈组成。在每两条来复圈之间，有一圈按一定间隔排列的切向进水孔。具体结构如图2-3所示。

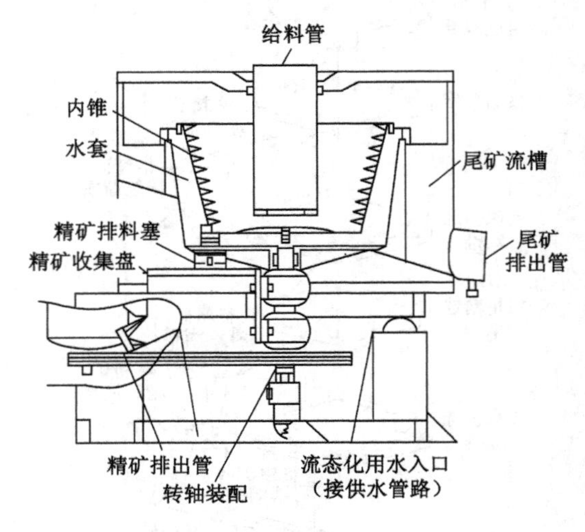

图2-3 尼尔森离心机

尼尔森离心机工作时，内转筒的内表面处的离心加速度可达60g。含金矿浆进入旋转的内转筒底部之后，被离心力抛向转筒内壁。同时，反冲水从内外转筒之间的水套流过内壁上的进水孔，使陷于来复圈之间的矿层松散或流态化。在离心力和反冲水的共同作用下，单体金或含金重矿物能够克服反冲水的径向阻力而离心沉降或钻隙渗透到精矿床内。脉石因所受的离心力较小，难以克服反冲水的作用，被轴向水流的冲力和离心力的轴向分力共同作用而旋出内转筒，成为尾矿。该离心机的选别周期取决于给矿性质，脉矿一般为4～10 h，砂金矿为8～24 h。富集于来复圈之间的精矿可以间歇地或连续地排到精矿槽内。间歇排精矿是在停机后通过人工冲洗或自动控制冲洗来实现。人工冲洗约需10 min，自动控制冲洗约需2 min。连续排精矿实际上通过安装在内转筒外侧的可变提取集管装置来实现。目前在工业上使用的尼尔森离心机，规格最小为7.5 cm，最大为120 cm，固体处理量可达100 t/h。

2.3 采金船及其选金工艺

2.3.1 采金船结构及分类

现代的采金船是漂浮在水面上的采选联合设施。砂金矿床用采金船开采较其他开采方法具有机械化程度高、生产能力大、开采成本低和生产劳动条件好等优点。目前，这种方法已在国内外得到广泛应用。采金船主要适于开采位于地下水位以下的宽河谷砂金矿床、坡度不大的小溪砂金矿床以及含水的厚层海滨和湖滨砂金矿床。

自1870年新西兰首次使用采金船开采法以来，美国(1890年)、沙俄(1893年)、澳大利亚(1899年)、加纳(1901年)、马来西亚(1912年)等许多国家都相继应用。采金船的主要性能列于表2-1。

表 2-1 采金船主要技术性能

挖斗容量/L	水下挖掘深度/m	生产能力/(m³/月)	电动机总容量/kW	质量/t
50	6	1.5×10^4	138	100
80	7	4.0×10^4	150	200
100	7～9	5.0×10^4	378	400
150	10	$(9\sim12)\times10^4$	620	500～600
210	11	$(15\sim18)\times10^4$	900	1 000～1 200
250	15	$(20\sim25)\times10^4$	1 300	1 350～1 400
283	15	$(22\sim27)\times10^4$	600～1 000	1 400～1 600
380	15～30	$(27\sim32)\times10^4$	1 000～1 500	2 000～2 300
400	17	$(35\sim41)\times10^4$	2 494～2 761	2 815
453	25～30	$(22\sim25)\times10^4$	1 300～1 500	2 000～2 500
510	37	$(25\sim28)\times10^4$	1 500	3 750
566	39	$(27\sim30)\times10^4$	1 700	5 400
600	50	$(30\sim36)\times10^4$	7 000	9 000

采金船的分类可按挖斗的容积分为大型(斗容大于 250 L)、中型(210～150 L)和小型(斗容小于 150 L)三大类。而根据采金船挖掘的深度,可分为深挖(大于 20 m)、中挖(20～7 m)和浅挖(小于 7 m)三种类型。

中国砂金资源丰富,采金历史悠久。中华人民共和国成立后,我国采金工作者自行设计和制造了各种类型的采金船。目前采金船开采已成为我国砂金矿床开采的主要方法,其产量约占砂金总产量的 60%。现在已有斗容积分别为 50 L、100 L、150 L、200 L、250 L、300 L 的链斗式采金船近 200 只,分布在黑龙江、吉林、四川、湖南等省区。

2.3.2 采金船工艺及设备

采金船的生产工艺过程是:从挖斗卸下的含金矿砂,经受矿漏斗给入圆筒筛进行洗矿、碎解与筛分。筛上砾石用胶带机或砾石溜槽排至船尾的采空区;筛下矿砂则通过密封分配器给入选别设备进行粗扫选,获得的粗金矿有的在船上精选和人工淘洗直接获得产品金,多数则送到岸上精选厂集中处理。

我国采金船选矿工艺流程基本上分为三大类:单一固定溜槽流程,溜槽—跳汰机—摇床流程和三段跳汰机流程。我国采金船选矿工艺流程的发展趋势为强化矿砂的碎散,做好选前准备工作;工艺流程向多样化发展;实行多级筛分、分级入选;增加扫选作业,提高采金船的工艺水平;推广和应用对细粒金、片状金回收效果好的离心选矿设备。

采金船上的选金设备主要有转筒筛、矿浆分配器、溜槽、跳汰机、摇床、捕金溜槽等。选金设备(包括辅助设备)的选择取决于采金船生产规模和所处理的矿砂性质。对于小型采金船而言,由于船体面积较小,除了转筒筛和矿浆分配器外,一般只用溜槽一种设备进行选别。对于较大一些的采金船来说,如果矿石性质比较复杂,为了提高采金船的选金指标,应尽量将跳汰机、摇床等重选设备都配置到选金工艺流程中。

2.3.3 采金船生产实例

(1) 我国某砂金矿 85 L(间断斗式)采金船

我国某砂金矿 85 L(间断斗式)采金船系处理第四纪河谷砂金矿床。含金砂砾层含金 0.265 g/m³,含矿泥 5%～10%。砂金粒度以中细粒为主,砂金多呈粒状和块状,砂金成色为 850。伴生矿物主要有锆英石、独居石、磁铁矿、金红石等。平底船尺寸(长×宽×高)为 47.8 m×12.3 m×2.5 m,吃水深度 1.2 m,挖斗数量 43 个,挖斗间距 0.5 m,挖掘最大深度 8 m,挖斗链运转速度 16 斗/min,船横移速度 4 m/min,挖掘能力 90 m³/h。该船选金工艺流程如图 2-4 所示。粗选跳汰机的精矿用喷射泵输送于脱水斗进行脱水,以使其矿浆浓度适用于精选跳汰机的操作要求。该船选金流程的特点在于:横向(粗选)溜槽未能回收的微细粒金可用粗选跳汰机进行捕集。该船选金总回收率为 70%～75%。

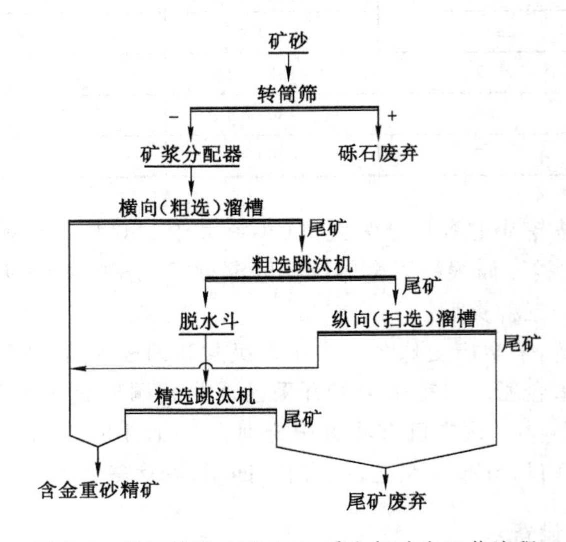

图 2-4　我国某砂金矿 85 L 采金船选金工艺流程

(2) 我国珲春金矿 250 L 采金船

珲春金矿 250 L 采金船于 1974 年在吉林省珲春金矿正式投产。珲春金矿属于含金砾岩砂矿和河谷冲积砂矿床。含金砂砾层厚度为 4.5 m。在矿砂中含泥一般在 1.2%～1.5%,属于易洗少泥矿砂。矿砂含金平均为 0.19～0.23 g/m³,砂金颗粒大于 0.5 mm 者占 65.41%,以中粒为主,砂金成色 833。伴生矿物主要有磁铁矿、钛铁矿、褐铁矿、金红石、锆英石等。

该船挖斗链由 84 个容量为 25 L 的挖斗组成,挖斗链运转速度为 26～36 斗/min,水下挖掘最大深度为 9 m,平底船尺寸(长×宽×高)为 24.81 m×20 m×2.7 m,吃水深度 2 m,采金船总重 1 524 t。采金船生产能力为 240～280 m³/h,总耗水量 2 660～3 000 m³/h。

其选金工艺流程如图 2-5 所示。先用横向溜槽回收粗、中粒金,随后从横向溜槽尾矿中用粗选跳汰机回收微细粒金,所得粗精矿用跳汰机和摇床再精选,最后用混汞筒提金。采金船金总回收率为 75%～80%,其中横向溜槽金回收率为 52%～55%,粗选跳汰为金回收率 23%～25%。

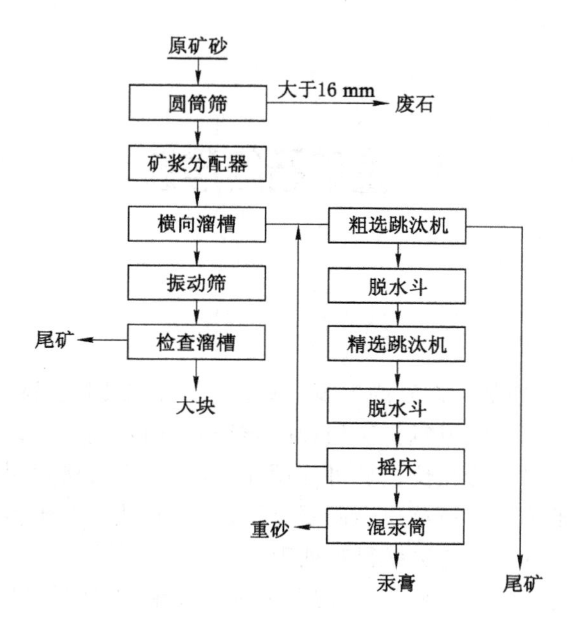

图 2-5　250 L 采金船工艺流程

3 金矿石的浮选

3.1 概述

浮选是黄金生产中处理脉金矿石的重要方法之一。如金铜、金锑、金铜铅锌硫等含金硫化矿石，以及不能直接用混汞法或氰化法处理的难浸矿石和某些重选尾矿，浮选得到含金精矿，然后再从中提取金。对于低品位金矿可采用浮选，精矿进行氰化浸出的工艺流程。但浮选法也存在局限性，对于单一的石英质金矿石，浮选效果不佳。对于粗粒嵌布自然金多的矿石(当金粒大于 0.2 mm 时)，浮选法就很难处理。

对于金的可浮性，高成色金比低成色金好，同时金的粒度对可浮性的影响极大，研究表明大于 0.8 mm 颗粒难浮，0.4～0.8 mm 只浮 5%～6%，0.25～0.4 mm 只浮 25%，小于 0.25 mm可浮 96%，一般可浮粒度上限为 0.4 mm。因此，在浮选前必须用重选、混汞或其他方法选出所有的粗粒金，所以金浮选工艺常与其他工艺联合使用，主要包括以下几种：

(1) 单一浮选法。该法适用于处理有色金属矿石，浮选精矿送冶炼厂综合回收，而对于含有能消耗大量氰化物物质的矿石，采用浮选抛弃有害杂质，回收大部分金到浮选精矿中，尾矿氰化补充回收金。

(2) 重选—浮选法。用重选先选出粗粒金，再浮选选出细粒金。

(3) 混汞—浮选法。用混汞回收粗粒金，浮选法回收细粒金。

(4) 浮选—浸出或浮选—预处理—浸出法。采用浮选法将含金矿物富集，然后氰化处理浮选精矿。

3.2 金及含金矿物的浮选特性

(1) 自然金

自然金，尤其是细粒自然金的可浮性好，表面未被沾污的适宜粒度的金，用起泡剂就很易浮选。金浮选最常用的是黄药类捕收剂，并常与其他捕收剂配合使用，以提高金的回收率。硫化物离子能活化金的浮选，硫酸铜活化作用不大。而 Fe^{3+} 却起抑制作用。石灰、苏打对游离金的浮选起抑制作用。

(2) 碲金矿

金的碲化物有较好的可浮性，常只需使用起泡剂就能浮选。加入捕收剂会导致碲金矿和其他硫化矿的非选择性浮选。

(3) 方锑金矿-辉锑矿

一般认为锑金矿的浮选特性与锑矿相似。辉锑矿在 pH 值大于 5 时是一种不易浮选的矿物，使用高级黄药时不加活化剂也能使其浮选，但只能在酸性和中性介质(需活化)中才能很好地浮选。

（4）黄铁矿

当黄铁矿表面没有氧化时，可浮性较好。浮选黄铁矿最常用的是黄药类捕收剂。在浮选含金的黄铁矿石时，添加水解聚丙烯酰胺能减少丁基黄药的消耗。

（5）铜金矿石和混合硫化物

当含金铜矿石和斑岩铜矿只含很少量的金时，直接氰化是不经济的，处理这些矿石都是先产出铜金混合精矿，然后再送往冶炼厂进行处理。浮选时常混用黄药和辅助捕收剂。如果金同时嵌布在铜矿物、硫矿物中，则有两种浮选方法：一是浮选得到混合精矿，二是产出铜精矿和含金硫铁精矿。如果金嵌布在铜矿物中并呈粗粒的自然金存在时，则在浮选之前，必须采用重选等方法处理。若金除嵌布在铜矿物中外，还以极细粒嵌布在脉石矿物中，则在浮选铜矿物之后，需对其尾矿进行氰化处理，以提高对金的回收效果。

浮选法分离含金多金属硫化矿矿石时，由于金属细粒嵌布，并与某些硫化物共生，金难以与硫化矿物进行分离，一般根据冶金对精矿的要求和复杂硫化矿的工艺矿学特性，制订浮选工艺流程，产出不同金属的含金精矿。

（6）黄铁矿-砷黄铁矿

在黄铁矿-砷黄铁矿含金共生矿中，金常与砷黄铁矿共生紧密。通常为了用加压氧化或细菌浸出法处理含金砷精矿，需采用从黄铁矿中选择性浮选砷黄铁矿的方法。在硫砷分离时，用氧化剂或还原剂的方法调整黄铁矿和砷黄铁矿的氧化状态是实现选择性分离的关键。高锰酸钾是一种常用氧化剂，当用作砷黄铁矿的抑制剂时，常需使矿浆氧化还原电位控制在400～500 mV之间。当用过二硫酸钾时，它不仅能抑制砷黄铁矿，而且还能活化黄铁矿。偏亚硫酸钠和氧化镁都能明显地提高这两种矿物的分选效果。据报道，二硫代磷酸盐与二硫代氨基甲酸酯，可使砷黄铁矿和黄铁矿的回收率分别提高约60%和20%。

（7）磁黄铁矿-黄铁矿/砷黄铁矿

在金的氰化浸出工艺中，已成功地采用选择性的分离除去磁黄铁矿以降低氰化物和氧的耗量。在浮选前对矿浆进行预充气能实现黄铁矿和砷黄铁矿从磁黄铁矿中的选择性浮选。采用氧化剂作调整剂也能实现这种工艺。

（8）辉锑矿-黄铁矿/砷黄铁矿

很多含有辉锑矿、方锑金矿的含金矿床中，都存在有砷黄铁矿和黄铁矿，并且有大量的金常与这两种矿物共生。因为锑在氰化浸出过程中是干扰矿物，所以希望能将它与其他矿物分离。可在较高的pH值下抑制辉锑矿和用硫酸铜活化砷黄铁矿/黄铁矿的方法进行浮选。反之，就在中性pH值并加入硝酸铅以活化辉锑矿的条件下进行硫化矿混合浮选，然后用加入氢氧化钠和浮选经铜活化过的砷黄铁矿/黄铁矿的方法，使辉锑矿与其他硫化矿分离。

3.3　浮选药剂

用于金矿石浮选的浮选药剂可分为捕收剂、调整剂和起泡剂三大类，其目的是通过调节矿浆的物理化学特性，扩大金矿物或含金矿物与脉石间亲（疏）水性的差异使之更好地分选，提高金的浮选回收率。

(1) 捕收剂

选金常用的捕收剂有乙基黄药、丁基黄药、异戊基黄药、甲酚黑药、丁铵黑药、羟肟酸钠和油酸等,其中黑药类、羟肟酸钠和 Z-200 号药剂捕收剂常与黄药类捕收剂混合使用以提高浮选效果和降低药耗。浮选新药剂主要是高效、低用量、低成本、无毒或者少毒混合药剂。黑药是选别单体游离金有效的捕收剂之一,特别是高牌号黑药效果更好,丁基铵黑药对微细粒单体金有较高的捕收能力。Z-200 号药剂、水解聚丙烯酰胺也是微细粒单体金的有效捕收剂,Z-200 号药剂具有起泡性能。

国内外黄金矿山在混合用药方面已取得了很好的效果,其中普遍应用的是捕收剂丁基黄药与丁基铵黑药的混合使用。用异戊基黄药代替丁黄药与丁基铵黑药混用,已在选金厂推广应用。

(2) 调整剂

调整剂的作用是改变矿物表面的性质,改善浮选的条件。根据其作用性质可分为三类:

① pH 值调整剂。pH 值调整剂的目的是调节矿浆的酸碱度,用以控制矿物表面性质、矿浆化学组成及其他各种药剂的作用条件,从而改善浮选效果。选金最常用的 pH 值调整剂有石灰、碳酸钠、硫酸等。

② 活化剂。活化剂的目的是增强矿物同捕收剂的作用效果,使难浮矿物活化后易被捕收剂捕收,选金常用的有硫化钠、硝酸铅和硫酸铜等。硫化钠对金有抑制作用,用作氧化矿硫化活化剂时,分批添加较好。硫酸铜也是常用的活化剂,对碲金矿、辉锑矿、黄铁矿、磁黄铁矿和砷黄铁矿,能提高金的品位和回收率。硫酸铜能提高粗粒黄铁矿的浮选回收率和总的浮选率。辉锑矿为载金矿物时,也常用硫酸铅或硝酸铅作为活化剂。

③ 抑制剂。抑制剂的目的是提高矿物表面的亲水性,阻止矿物同捕收剂作用,使矿物可浮性受到抑制,从而实现矿物的分离。选金常用的有石灰、硫化钠、硫酸、硫酸锌、亚硫酸钠、重铬酸钾、水玻璃、淀粉、糊精和栲胶(单宁)等。

栲胶、淀粉、木质磺酸盐和羧甲基纤维素等抑制剂,都已用于金的浮选流程中,以抑制滑石、炭质组分、含铝矿物、氧化铁和锰的矿泥、叶蜡石和碳酸盐等,丹宁酸能较好地抑制绿泥石。在酸性条件下、高锰酸钾为氧化剂时,采用氧化矿捕收剂十二烷基磺酸钠,从黄铁矿和毒砂的混合精矿中浮选含金毒砂效果良好;在中性介质中,使用组合抑制剂氯化钙和腐殖酸钠成功抑制了被 Cu^{2+} 活化的铁闪锌矿和磁黄铁矿。硫酸锌和氰化钠混合使用形成的氰化络合物能够有效地抑制铜或者锌,减少因抑制铜造成的金溶解。用不同的含硫试剂,例如硫化钠、亚硫酸钠和连二硫酸钠等可作含金砷黄铁矿的抑制剂。

(3) 起泡剂

起泡剂的作用是产生浮选所需的大量而稳定的气泡。常用的起泡剂有松醇油(俗称 2 号油)、醚醇、樟脑油和 MIBC 等。

3.4 影响金浮选的工艺因素

(1) pH 值

对于含金矿物的浮选,矿浆 pH 值的控制极为重要。通过调节矿浆 pH 值,可控制矿浆中的离子分子组成、矿物组分的溶解药剂与矿物表面的作用以及矿物的可浮性等。不同的含金矿物和伴生的脉石矿物往往具有各自最佳浮选 pH 值，绝大多数的含金硫化矿在碱性介质中可浮性较好，而黄铁矿、磁黄铁矿和辉锑矿则在酸性介质中浮选效果好，这些矿物的浮选都存在一个临界 pH 值。对于大多数捕收剂而言，矿物可浮性排列如下：辉铜矿>黄铜矿>黄铁矿>方铅矿>闪锌矿。在浮选铜矿物和优先浮选铅锌硫化矿时，可采用石灰抑制硫铁矿物并调矿浆 pH 值。如果硫铁矿物中含有贵金属时，为了消除石灰的不利影响，可采用苏打（pH<10）或苛性钠（pH>10）调 pH 值。对于被石灰抑制的硫铁矿，可用硫酸、硫酸铜和硫酸铵等进行活化后浮选。

（2）矿浆电位

大量研究证明矿浆电位对硫化矿和贵金属浮选有重要作用，在各种浮选系统中电位与浮选回收率存在明显的关系。研究已经证明，由于捕收剂的阳极反应会导致硫化矿和贵金属产生较好的疏水性，其原因是捕收剂的阳极反应与阴极过程（例如氧的还原）构成氧化还原反应，捕收剂的阳极反应使矿物表面形成更好的疏水层。例如黄铁矿的浮选主要是由于黄药在其表面氧化形成双黄药并吸附于表面而引起的，因此既可控制矿浆电位使黄铁矿可浮，也可控制矿浆电位使黄铁矿的浮选受到抑制。

试验研究还证明，对于不同的硫化矿物有不同的浮选特征矿浆电位，只有在适当的矿浆电位下，硫化矿物才表现出良好的可浮性及分离特性。但在过高的正电位下，由于各种不同硫化矿物的浮选电位范围将会发生重叠，而使几种硫化矿物能被同时浮选，从而降低了矿物浮选的选择性。这种选择性的降低可能是由于元素硫、硫代硫酸盐、金属氢氧化物和其他表面氧化物的形成，以及这些产物无选择性吸附所引起的。为了创造硫化矿的最佳浮选条件，可通过添加适当的调整剂调节矿浆电位，实现含金硫化矿的有效浮选或分离。

（3）物理因素

影响含金矿石的浮选效果的物理因素包括：粒度、气泡大小、温度、矿浆浓度、充气和搅拌速度以及在浮选槽中的停留时间。这些因素的影响对大多数浮选体系都是相同的。

① 温度。温度升高到 50 ℃前会提高浮选速度和精矿品位，主要是由于降低了矿浆及泡沫的黏度和从泡沫中净化除去了脉石颗粒。温度高于 60 ℃时浮选指标就降低，可能是由于捕收剂的解吸作用。控制浮选矿浆温度的技术已在某些选金厂得到应用，以保持达到一定的浮选指标，尤其在冬季，在很多浮选金的工厂中温度一般都保持在 25 ℃以上。

② 矿浆浓度。粗选时矿浆浓度一般为 25%～40%，在精选时矿浆浓度则相应地降低。研究已表明，金矿石的最佳浮选矿浆浓度为 20%～30%，而粗粒金在稠矿浆（40%～60%）时浮选较好。

③ 粒度。入选粒度根据矿石性质和矿物单体解离需要而定。金矿浮选回收率较低的原因通常是由于粗粒连生体的回收率较低，而这些连生体中含有较高比例的金。在金矿石的浮选中，控制浮选槽中的充气搅拌速度和矿浆浓度是非常重要的，在紊流条件下能有效回收的金上限粒度可高达 0.71 mm（回收率大于 80%）。在生产实践中，发现含金黄铁矿的粒度越粗，浮选速度越快，并且由于夹杂的脉石组分较少，精矿品位也就越高。

④ 浮选时间。不同的含金矿物的浮选都存在一个最佳浮选时间，并取决于矿石性质、浮选机类型和所用的浮选药剂的性质。与浮选细粒物料和尾矿相比，粗粒易选矿石中的金和黄铁矿具有更快的浮选速度，所需的浮选时间较短。

(4) 矿石浮选的化学调浆

在含金矿石浮选时，化学调浆与预处理是很重要的。如磨矿介质、预充气、药剂浓度和添加顺序，用氧气、氮气或二氧化硫调浆等，对提高浮选效率都起着一定的作用。通过延长调浆时间和提高叶轮转速，能提高黄铁矿的浮选速度和浮选回收率。在处理新的或堆存的老的氰化残渣时，必须先用 SO_2 或硫酸对矿石进行酸活化处理，以除去金粒或黄铁矿颗粒上的表面氧化层。对存放一段时间的黄铁矿来说，在浮选前也必须先进行酸活化处理。

用浮选法处理氰化浸渣时，可能存在有相当数量的石灰和氰化物。尾矿坝的回水中也可能含有一部分氰化物。氰化物本身就是黄铁矿的一种抑制剂，甚至很少量的氰化物都会对浮选产生很大的影响。这就要求用硫酸铜在酸性和中性 pH 值条件下对给矿进行活化处理，以消除石灰和氰化物的抑制作用影响。然而，用胺类捕收剂能在不用酸性预调浆的条件下浮选氰化后的黄铁矿。

在浮选前先用氧气、氮气或二氧化硫对黄铁矿进行调浆的实验室试验，结果表明，这些气体都会影响矿浆电位值，从而影响硫化矿的浮选效果。一般地说，在控制一定的条件下使用富氧气体能提高黄铁矿的浮选回收率，提高矿浆中氧的浓度就能提高黄药的吸附量，并能提高矿浆的氧化还原电位和改善泡沫的状态。在有其他硫化矿存在时，用氮气进行处理后也能提高黄铁矿浮选的选择性。

(5) 浮选工艺

浮选工艺流程是影响矿物浮选的重要因素之一，它反映了被处理矿石的工艺特性。不同类型的矿石需用不同的流程处理，流程的合理选择主要取决于矿石的性质和对精矿质量的要求，同时也应考虑便于操作和最经济有效、最大限度地回收有用矿物和伴生有用成分。

金矿石和含金矿石的浮选工艺与金及含金矿物的浮选特性密切相关，对于含金金属矿和多金属矿的浮选及分离与其载金矿物的浮选及分离方法相近。金浮选流程也为适应矿石性质的需要而逐步多样化。国内外采用较多的有阶段磨浮、泥砂分选、优先富集、分支串流和异步混合浮选等流程。

(6) 浮选设备

浮选机是实现浮选过程的重要设备，浮选技术经济指标的好坏，与所用浮选机的性能密切相关。在浮选设备方面，一直是沿着高效、节能、大型化方向发展，一些选厂选用了一些最新研制的新型设备，闪速浮选机的应用是重要的进展。

就金的浮选来说，应用新型闪速浮选机能显著提高单体金的浮选回收率，故闪速浮选机已在许多选厂得到推广应用。闪速浮选机很适于在选金中作为中间选别作业，安装在磨矿与分级机之间，取代混汞或重选设备快速回收粗粒金。

3.5 金矿石的浮选流程

3.5.1 单一浮选流程

含金多金属硫化矿多用浮选法处理，浮选所得硫化矿精矿，送冶炼处理回收金。此法适用于处理金呈细粒嵌布于可浮性较高的含金硫化矿石英脉矿石和多金属硫化矿，以及含炭质脉石的矿石。

红花沟金矿选厂处理的硫化矿中，主要金属矿物为黄铁矿、磁黄铁矿、银金矿、自然金、黄铜矿和方铅矿，脉石矿物为石英、方解石和绢云母等，原矿含金 14.4 g/t，嵌布粒度为 0.005～0.01 mm，属易选金矿。原矿粗磨（小于 0.074 mm 粒度占 50%～55%）后一粗和三扫选别后，得含金为 190.79 kg/t 的硫精矿，金回收率为 95%～96%，黄药用量 110 g/t，松油用量 78 g/t。

3.5.2　重选—浮选流程

重选工艺在岩金矿山的应用虽不是主要提金手段，但作为辅助工艺却是一种既经济又简便的有效方法。其优点有：① 在粗磨矿条件下，重选回收的单体金可直接产出成品，资金周转快，无污染；② 重选对粗粒金的优先提取可避免尾矿中的金属流失；③ 预先提取粗粒金后，可大大缩短氰化物浸出时间和降低氰化物消耗；④ 重选精矿的冶炼回收率明显高于浮选精矿冶炼回收率。

（1）重选—浮选流程。重选—浮选流程适用于组成简单、部分自然金呈粗粒嵌布的矿石。矿石先进行重选，原矿经粗磨，用跳汰等重选方法选出粗粒金矿，尾矿经再磨后用浮选处理，所得金精矿送冶炼厂，在冶炼过程中回收金。瑞典波立登公司从 1985 年起在所属有关选厂推广应用了金塔（gold tower）设备机组，包括圆锥选矿机、螺旋溜槽和摇床，处理磨矿回路中的沉砂，使选厂金回收率平均提高 5%。南非波拉金矿矿石类型为石英脉含金矿石，选厂处理能力为 600 t/d，选矿流程为重选—浮选，在磨矿分级回路中用 1 m×2 m 尤巴型双室跳汰机回收大于 0.1 mm 的粗粒金。跳汰精矿用摇床精选两次，获得含金 70%以上的精矿直接熔炼。瑞典北部的 Bjorkdal 金矿也采用重选—浮选工艺。

（2）浮选—重选流程。浮选—重选流程适用于金和硫化矿紧密共生的矿石。原矿经磨矿后先进行浮选，浮选精矿用冶炼方法回收，浮选尾矿中尚有少量难浮的硫化矿颗粒，用溜槽等重选方法回收。采用此流程的有湘西沃溪选厂等。

（3）重选—浮选—重选流程。秦岭金矿文峪选厂所处理的矿石性质复杂，金粒嵌布极不均匀，主要金属矿物有方铅矿、黄铜矿、黄铁矿等 12 种以上矿物；主要脉石矿物为石英、绢云母、绿泥石等。原矿含金 9 g/t，经粗磨，用重选回收含金的铅精矿，重选尾矿再磨，进行铜铅混合浮选，分离得单一精矿，混浮尾矿再用重选回收未回收的金。金的总回收率为 95.2%。

3.5.3　浮选—氰化流程

（1）浮选—精矿氰化流程

采用浮选—精矿氰化流程的国内外选厂较多，适用于处理金与矿粒紧密共生的矿石，浮选所得精矿进行氰化处理。如美国的 Kenslgton 金矿采用浮选—精矿氰化流程。招远金矿玲珑选厂采用浮选—氰化流程处理多金属矿。金属矿物主要有黄铁矿、黄铜矿、自然金、闪锌矿、方铅矿、银铅矿等，其中黄铁矿含量占金属矿总量的 91%；脉石矿物有石英、云母、斜长石等，其中石英占脉石矿物总量的 72.5%。金以细粒状、星点状及细脉状存在于黄铁矿、黄铜矿和石英中，原矿含金 7.7 g/t。原矿先粗磨至小于 0.074 mm 占 50%，进行铜金硫混合浮选，所得混合精矿用旋流器分级，沉砂磨至小于 0.074 mm 占 98%，分级后进行分离浮选得铜精矿。铜精矿含铜 3.5%，含金 250～350 g/t，金回收率为 68%。混合精矿分选尾矿为含金黄铁矿精矿，送氰化处理。原矿混合浮选药剂制度为碳酸钠 545 g/t，松醇油 50 g/t，乙黄药 100 g/t，浮选矿浆 pH 值为 7～8；分离浮选抑制剂为氰化钠和石灰，矿浆 pH 值为 12～13；黄铁矿氰化作业药剂制度为氰化钠 5～6 kg/t，石灰 3 64 g/t。

（2）浮选—尾矿氰化流程

矿石经磨矿后，用浮选得含金精矿，尾矿因含金仍较多，又难以用选矿方法回收，用氰化处理。此流程适用于处理金粒嵌布较细的含金硫化矿。

（3）浮选—预处理—氰化流程

浮选所得金精矿，直接氰化效果差时，先用焙烧、细菌氧化和加压氧化等方法预处理后，再氰化浸金。此流程适用于处理细粒嵌布而含硫含砷高的含金黄铁矿等难浸含金硫化矿。澳大利亚对难处理的矿石，先用浮选法回收包括硫化碲、自由金和黄铁矿等载金矿物，所得精矿在 650 ℃焙烧，把黄铁矿转化成多孔的含金黄铁矿，然后再用炭浆法回收金。南非吉米公司采用浮选法作为细菌浸出前的预选作业，用于选别含砷、硫难处理矿石。美国霍姆斯特公司的 Mclamghlin 矿用浮选回收金和含金硫化矿，浮选精矿则用于加压氧化预处理。我国广西某金矿采用预先浮选—浮选精矿焙烧—氰化提金联合流程，在浮选中采取阶段磨浮、加 H_2SO_4 活化、脱泥等强化措施，选得含高砷硫金精矿，金浮选回收率达 83.32%。甘肃省某矿以雌黄和雄黄为主的高砷难处理矿石，采用原矿浮选—精矿热压氧化浸出—残渣与浮选尾矿合并再氰化的联合流程，获得了金总回收率 86.18%的理想效果。

罗马尼亚达尔尼金矿选厂处理含金硫砷矿，其原矿含金 6.2～7.2 g/t，原矿经阶段磨浮后得含金高砷硫精矿，其精矿含金 90～105 g/t，含硫 16%～22%，含砷 6%，金回收率为 89%。浮选药剂为碳酸钠、硫酸铜、丁黄药及 25 号黑药。精矿直接氰化金浸出率很低，故采用焙烧浸出法，精矿经双室沸腾炉焙烧，焙砂氰化浸金，金浸出率在 90%以上。

（4）氰化—浮选流程

原矿先氰化浸金，氰化尾矿用硫酸铜、碳酸钠等调浆活化后，再进行浮选回收含金矿物。氰化尾矿为含金黄铁矿则可用碳酸钠或 CO_2 及硫酸调浆和活化，pH 值调至 6 左右后，再加硫酸铜进行活化浮选。用浮选处理氰化尾矿回收金银，在生产实践中证明是经济可靠的，也有许多成功的实例。

厄瓜多尔波托维罗金矿选厂处理以黄铁矿为主的多金属硫化矿，原矿含金 7.5 g/t。原矿经细磨后，进行调浆氰化，活性炭吸附，载金活性炭含金 87 kg/t，回收率为 86.5%，含银 250 kg/t，回收率为 35%。氰化尾矿再浮回收其他金属硫化矿，经一粗四精得铜铅混合精矿，其中混合铜铅精矿含金 40.1 g/t，回收率 6.6%；混合精矿尾矿经浮锌粗选后得废弃尾矿，粗锌精矿经三次精选，得锌精矿，锌精矿中不含金银。

4　混汞法提金

混汞法提金是一种简单而又古老的方法。它是基于金粒容易被汞选择性润湿，继而汞向金粒内部扩散形成金汞齐（汞膏）的原理而捕收自然金。混汞作业一般不作为独立过程，常与其他选矿方法组成联合流程，多数情况下，混汞作业只是作为回收金的一种辅助方法。由于混汞作业的劳动条件差，劳动强度大，易引起汞中毒，含汞废气废水应该净化等问题，目前正在逐渐被浮选或重选法所取代。

4.1　混汞提金原理

混汞法提金历史悠久，积累了非常丰富的生产经验，但人们对混汞提金原理却缺乏系统的研究。近几十年来，混汞提金的理论研究才取得较大的进展。混汞提金是基于矿浆中的单体金粒表面和其他矿粒表面被汞润湿的差异，金粒表面亲汞疏水，其他矿粒表面疏汞亲水，金粒表面被汞润湿后，汞继续向金粒内部扩散生成金汞合金，即汞能捕捉金粒，使金粒与其他矿物及脉石分离。混汞后刮取工业汞膏，经洗涤、压滤和蒸汞等作业，使汞挥发而获得海绵金，海绵金经熔铸得金锭。蒸汞时挥发的汞蒸气经冷凝回收后，可返回混汞作业使用。

混汞提金作业在矿浆中进行，混汞过程与金、水、汞三相界面性质密切相关。混汞提金过程的实质是单体解离的金粒与汞接触后，金属汞排除金粒表面的水化层迅速润湿金粒表面，然后金属汞向金粒内部扩散形成金汞齐（汞膏），金属汞排除金粒表面水化层的趋势越大，进行速度越快，则金粒越易被汞润湿和被汞捕捉，混汞作业金的回收率越高。因此，金粒汞齐化的首要条件是金粒与汞接触时汞能润湿金粒表面，进而捕捉金粒。

在汞齐化过程中，汞与金形成三种化合物，即：$AuHg_2$、Au_2Hg、Au_3Hg。此外，在金中还形成有汞的固溶体。而汞向金粒中扩散并形成汞化物的状况如图 4-1 所示。

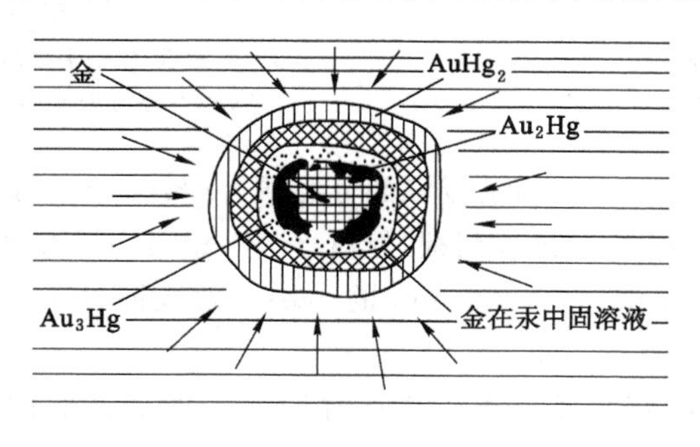

图 4-1　汞齐化过程

从图 4-1 中可见，金表面一层与汞生成 $AuHg_2$，再往深部扩散则生成 Au_2Hg 和 Au_3Hg，第四层则形成汞的固溶体，最后是残存未汞齐化的金。细粒金被汞齐化时，几乎全部生成汞化合物和固溶体，而不存在残留金。

工业生产中所刮取的汞膏，用清水仔细清洗，用致密的布包裹经压榨滤出过剩的汞，则得到坚硬的工业汞膏。固体汞膏的含金量，极接近于 $AuHg_2$ 化合物中的金含量 32.95%，工业汞膏中除金和汞外，还含有其他金属矿物，如石英、脉石碎屑等。

4.2 混汞设备及操作

目前混汞法有内混汞法和外混汞法两种方法：内混汞法是在磨矿设备内使矿石的磨碎与混汞同时进行的混汞方法，外混汞法是在磨矿设备外进行混汞的混汞方法。

当含金矿石中铜、铅、锌矿物含量甚微，不含易使汞大量粉化的硫化物，同时金的嵌布粒度较大时，常采用内混汞法处理。此外，砂金矿山常用内混汞法使金与其他重矿物分离。外混汞法在选金厂很少单独使用，往往与浮选、重选和氰化法联合使用。当处理金含量高的金属矿石时，外混汞法主要用来捕收粗粒游离金。

4.2.1 外混汞设备及操作

外混汞设备主要是指固定混汞板。固定混汞板有平面的、阶梯的和带有中间捕集沟的三种形式。我国多采用平面式的，其构造如图 4-2 所示。国外常用带有中间捕集沟的固定混汞板，如图 4-3 所示。

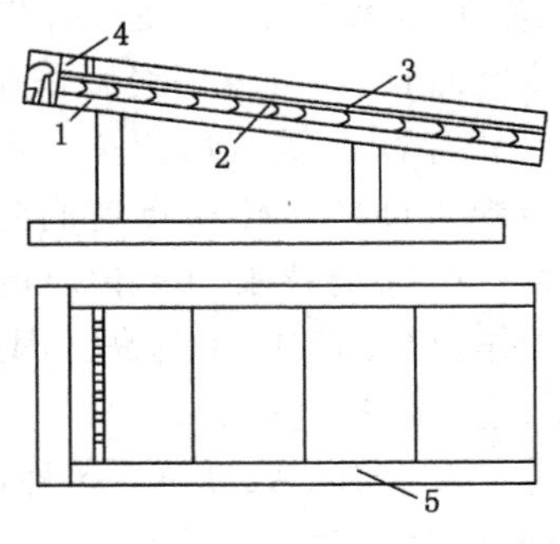

图 4-2　固定混汞板

1——支架；2——床面；3——汞板；
4——矿浆分配器；5——侧帮

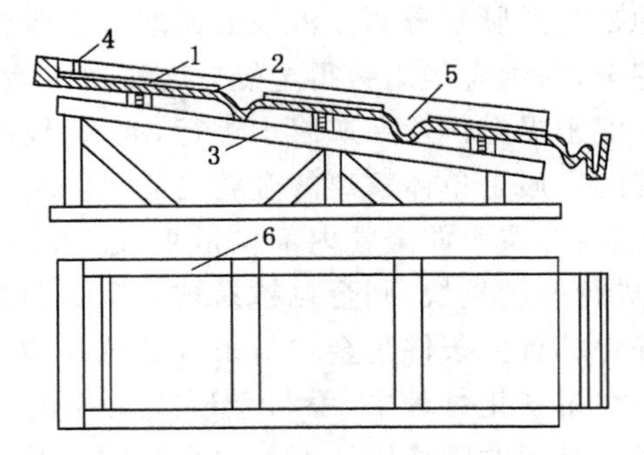

图 4-3　带有中间捕集沟固定混汞板

1——汞板(镀银铜板)；2——床面；3——支架；
4——矿浆分配器；5——捕集沟；6——侧帮

固定混汞板主要由支架、床面和汞板三部分组成，支架与床面可用木材或钢板制作。床面必须保证不漏矿浆。汞板多为镀银铜板，厚度 3～5 mm，为了交换方便及有利于捕集金，常装成宽 400～600 mm、长 800～1 200 mm 的小块。汞板铺设于床面上，按支架的倾斜方向一块接一块地搭接。

汞板面积与处理量、矿石性质及混汞作业在流程中的地位等因素有关，正常混汞作业时，汞板面上矿浆的厚度为 5～8 mm，流速为 0.5～0.7 m/s。生产实践中，处理 1 t 矿石所需汞板面积为 0.05～0.5 m^2/d。当混汞作业只是为了捕收粗粒金，混汞板设在氰化或浮选作业之前时，其生产定额可定为 0.1～0.2 m^2/d，汞板的生产定额列于表 4-1。

表 4-1　　**汞板生产定额[$m^2/(t \cdot d)$]**

混汞作业在流程中的地位	矿石含金量＞10～15 g/t		矿石含金量＜10 g/t	
	细粒金	粗粒金	细粒金	粗粒金
混汞为独立作业	0.4～0.5	0.3～0.4	0.3～0.4	0.2～0.3
先混汞，汞尾用溜槽扫选	0.3～0.4	0.2～0.3	0.2～0.3	0.15～0.2
先混汞，汞尾送氰化或浮选	0.15～0.2	0.1～0.2	0.1～0.15	0.15～0.1

混汞板的倾斜度与给矿粒度和矿浆浓度有关。当矿粒较粗，矿浆浓度较高时，汞板的倾角应大些；反之，倾角则应小些。矿石密度为 2.7～2.8 g/cm³ 时，不同液固比的混汞板倾斜度见表 4-2。

表 4-2　　**汞板倾斜度(°)**

矿浆液固比		3∶1	4∶1	6∶1	8∶1	10∶1	15∶1
磨矿细度	＜1.651 mm	21	18	16	15	14	13
	＜0.833 mm	18	16	14	13	12	11
	＜0.417 mm	15	14	12	11	10	9
	＜0.208 mm	13	12	10	9	8	7
	＜0.104 mm	11	10	9	8	7	6

由于混汞在选金流程中主要是捕收粗粒游离金，所以混汞板通常被设在磨矿分级循环之中，即直接处理球磨机的排矿产物。此时，混汞作业回收率较高，有的选金厂可达 60%～70%，我国某金矿在混汞板上曾捕收到 1.5～2 mm 的粗粒金，说明这种配置是合理的。有的金矿山将混汞板安设在磨矿分级循环之外，即处理分级机溢流产品，这种配置不能完全捕收游离金，实践证明，混汞作业回收率偏低，有的金矿山只能达到 30%～45%。

要获取较高的混汞回收率，加强对混汞板的操作，提高管理水平，是必不可少的。影响混汞板作业效果的诸多因素，有给矿粒度、给矿浓度、矿浆流速、矿浆酸碱度、汞的补加时间与补加量、刮取汞膏的时间和预防汞板故障等。

(1) 给矿粒度。汞板的适宜给矿粒度为 3.0～0.42 mm。粒度过粗不仅使金粒难以解离，而且粗矿粒易擦破汞板表面，造成汞及汞膏流失。对含细粒金的矿石，给矿粒度可小至 0.15 mm 左右。

(2) 给矿浓度。汞板给矿浓度以 10%～25%为宜。矿浆浓度过大，会使细粒金尤其是磨矿过程中变成薄型的微小金片难以沉降至汞板上；给矿浓度过小，又会降低汞板生产率。但在生产实践中，常以后续作业的矿浆浓度来决定汞板的给矿浓度，故有时汞板的给矿浓度高达 50%。

(3) 矿浆流速。汞板上的矿浆流速一般为 0.5～0.7 m/s。给矿量固定时，增加矿浆流速，汞板上的矿浆层厚度变薄，重金属硫化物易沉至汞板上，使混汞作业条件恶化，且流速大还会降低金的回收率。

(4) 矿浆酸碱度。在酸性介质中混汞，可清洗汞及金粒表面，提高汞对金的润湿能力，但矿泥不易凝聚而污染金粒表面，影响汞对金的润湿。因此，一般在 pH 为 8～8.5 的碱性介质中进行混汞作业。

(5) 汞的补加时间和补加量。汞板投产后的初次添汞量为 15～30 g/m²,运行 6～12 h 后开始加汞,每次补加量原则上为每吨矿石含金量的 2～5 倍。一般每日添汞 2～4 次。增加添汞次数可提高金回收率,如苏联某金矿汞的添加次数由每日 2 次增至每日 6 次,混汞作业金的回收率可提高 18%～30%。我国实践证明,汞的添加时间及汞的补加量应使整个混汞作业循环中保持足够量的汞,在矿浆流过混汞板的整个过程中都能进行混汞作业。汞量过多会降低汞膏的弹性和稠度,易造成汞膏及汞随矿浆流失;汞量不足,汞膏坚硬,失去弹性,捕金能力下降。

(6) 刮取汞膏的时间。一般汞膏刮取时间与补加汞的时间是一致的。我国金矿山为了管理方便,一般每作业班刮汞膏一次。刮汞膏时,应停止给矿,将汞板冲洗干净,用硬橡胶板自汞板下部往上刮取汞膏。国外的矿山在刮取汞膏前先加热汞板,使汞膏柔软,便于刮取。我国一些矿山在刮取汞膏前向汞板上洒些汞,同样可使汞膏柔软。实践证明,汞膏刮取不一定要很彻底,汞板上留下一层薄薄的汞膏是有益的,可防止汞板发生故障。

(7) 预防汞板故障。汞板因操作不当可导致汞板降低或失去捕金能力,此现象称为汞板故障。其表现形式主要为汞板干涸、汞膏坚硬、汞微粒化、汞粉化及机油污染等。

4.2.2 混汞设备及其操作

(1) 捣矿机

捣矿机是一种构造简单、操作方便的碎矿机,但其工作效率低、处理量小、碎矿粒度较粗且不均匀,无法使细粒金充分解离,因此混汞时金的回收率较低。捣矿机混汞仅适用于处理含粗粒金的简单矿石和用于小型脉金矿山。

捣矿机结构见图 4-4,主要由臼槽、锤头、机架和传动装置组成。矿石给入臼槽中,加入水和汞,由传动装置带动凸轮使锤头做上下往复运动,进行碎矿和混汞。矿浆经筛网排出,经混汞板捕收矿浆中的汞膏,过量的汞及未汞齐化的金粒及混汞后的尾矿脱水后经普通溜槽排出。溜槽沉砂用摇床精选,以回收与硫化物共生的金,可作金精矿售出。定期清理捣矿机臼槽内的汞膏、金属硫化物和脉石,再经混汞板和摇床处理,可获得金汞膏和含金重砂精矿。

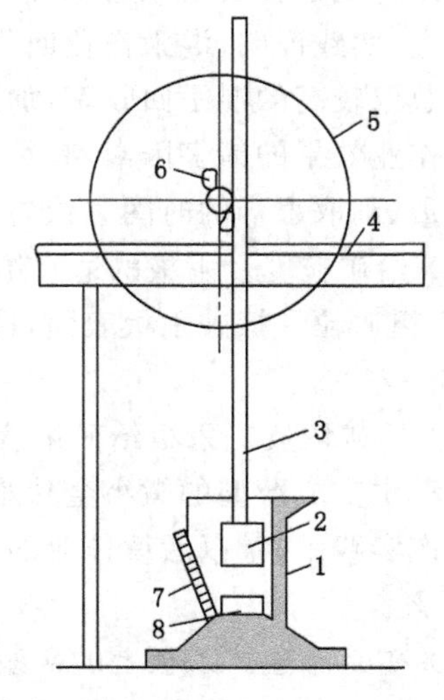

图 4-4　捣矿机示意图

1——臼槽;2——锤头;3——捣杆;4——机架;5——传动装置;6——凸轮;7——筛网;8——锤垫

操作时的石灰用量为 0.5～1.0 kg/t,臼槽内的液固比为 6∶1,首次给汞后每隔 15 min 补加汞一次,补加汞量为原矿含金量的 5 倍。

(2) 球磨机

较简单的球磨机混汞方法是每隔 15～20 min 定期向球磨机内加入矿石含金量 4～5 倍的汞,在球磨机排矿槽底铺设苇席和在分级机溢流堰下部安装溜槽以捕收汞膏。生产实践证明,60%～70%的汞膏沉积于球磨机排矿箱内,10%～15%的汞膏沉积于排矿槽内的苇席上，5%～10%的汞膏沉积于分级机溢流溜槽上。每隔2～3天清理一次汞膏。由于其汞膏流失严重，金的回收率仅为60%～70%。处理石英脉石金矿石时，汞的消耗量为4～8 g/t。这一混汞方法操作简单，但汞膏流失严重，工业生产中已较少采用。

4.3 汞膏处理

汞膏处理包括洗涤、压滤、蒸馏三个主要步骤，汞膏处理后获得海绵金和回收汞，海绵金经熔炼后即成为可出售的金银合金。

4.3.1 汞膏洗涤

以从混汞板获得的汞膏为例，介绍一下洗涤过程。从汞板上刮取的汞膏比较纯净，处理也比较简单，首先要有一个长方形的操作台，台面上铺设薄铜板，周围钉上20～30 mm高的木条，防止在操作过程中流散的汞洒到地面上。台面上钻有下边接管的圆孔，接管下边设置承受器。在操作结束时，将洗涤汞膏过程中流散的汞扫到圆孔处并沿管流到承受器中，汞膏放在一个瓷盘内，加水反复冲洗，操作人员戴上橡皮手套，用手不断搓揉汞膏，尽量将汞膏内的杂质洗净。为了除掉汞膏内的铁屑，可用磁铁将铁吸出。一般用热水洗涤汞膏，能洗得净、洗得快，但也容易造成汞蒸发，危害工人健康，如果没有确实可靠的安全措施，一般不宜采用。为使汞膏柔软，可再加汞稀释。含杂质多的汞膏呈暗灰色，因此，洗涤过程应洗到汞膏呈明亮光泽时为止，然后用致密的布将汞膏包好送压滤。

4.3.2 汞膏压滤

汞膏压滤作业是为了除去洗净后的汞膏中的多金属，以获得浓缩的固体汞膏（硬汞膏），常将此作业称为压汞。压汞作业所用的压滤机视生产规模而定，生产规模小时，常用手工操作的螺杆压滤机或杠杆压滤机；生产规模大时，用气压或液压压滤机。

硬汞膏的含金量取决于混汞金粒的大小，通常含金量为30%～40%。若混汞金粒较粗，硬汞膏的含金量可达45%～50%；若混汞金粒较细，硬汞膏的含金量可降至20%～25%。此外，硬汞膏的含金量还与压滤机的压力及滤布的致密程度有关。

汞膏压滤回收的汞中常含0.1%～0.2%的金，可返回用于混汞。回收汞的捕金能力比纯汞高，尤其当混汞板发生故障时，最好采用汞膏压滤所产生的回收汞。当混汞金粒极细和滤布不致密时，回收汞中的金含量较高，以致回收汞放置较长时间后，金会析出而沉于容器底部。

4.3.3 汞膏蒸馏

由于汞的汽化温度（356 ℃）远低于金的熔点（1 063 ℃）和沸点（2 660 ℃），常用蒸馏的方法使汞膏中的汞与金进行分离，金选厂产出的固体汞膏可定期进行蒸馏。操作时将固体汞膏置于密封的铸铁罐（锅）内，罐顶与装有冷凝管的铁管相连。将铁罐（锅）置于焦炭、煤气或电炉等加热炉中加热，当温度缓慢升到356 ℃时，汞膏中的汞即气化并沿铁管外逸，经冷凝后呈球状液滴，滴入盛水的容器中加以回收。为了充分分离汞膏中的汞，许多金选厂将蒸汞的温度控制在400～450 ℃，蒸汞后期将温度升至750～800 ℃，并保温30 min。蒸汞时间约为5～6 h或更长。蒸汞作业汞的回收率通常大于99%。

用蒸馏罐蒸馏固体汞膏时应注意以下几点：

(1) 汞膏装罐前应预先在蒸馏罐内壁上涂一层糊状白垩粉或石墨粉、滑石粉、氧化铁粉等，以防止蒸馏后金粒黏结在罐壁上。

(2) 蒸馏罐内汞膏厚度一般为40～50 mm，厚度过大易使汞蒸馏不完全，延长蒸馏加热时间，汞膏沸腾使金粒易被喷溅至罐外。

(3) 汞膏必须纯净，不可混入包装纸，否则，回收汞再用时会发生汞粉化现象。汞膏内混有重矿物和大量硫时，易使罐底穿孔，造成金的损失。

(4) 由于$AuHg_2$分解温度(310 ℃)非常接近汞的沸点(365 ℃)，蒸汞时应缓缓升温，若炉温急剧升高，$AuHg_2$尚处于分解时汞即进入升华阶段，易造成汞激烈沸腾而产生喷溅现象。当大部分汞蒸馏逸出后，可将炉温升到750～800 ℃(因Au_2Hg分解温度为402 ℃，Au_3Hg的分解温度为420 ℃)，并保温30 min，以便完全排出罐内的残余汞。

(5) 蒸馏罐的导出铁管末端应与收集汞的冷却水盆的水面保持一定的距离，以防止在蒸汞后期罐内呈负压时，水及冷凝汞被倒吸入罐引起爆炸。

(6) 蒸汞时应保持良好的通风，以免逸出的汞蒸气危害工人健康。

4.4 影响混汞提金的主要因素

4.4.1 金粒大小与金粒解离度

自然金粒只有与其他矿物或脉石单体解离或呈金占大部分的连生体形态存在时才能被汞润湿和汞齐化，包裹于其他矿物或脉石矿物中的自然金粒无法与汞接触，不可能被汞润湿和汞齐化，因此，自然金粒与其他矿物及脉石单体解离或呈金占大部分的连生体存在是混汞提金的前提条件。

若自然金粒粗大，不易被汞捕捉，易被矿浆流冲走；若金粒过细，在矿浆浓度较大的条件下不易沉降，不易与汞板接触，也易随矿浆流失。实践表明，适合混汞的金粒粒度为0.2～0.3 mm。因此，含金矿石磨矿时，既不可欠磨也不可过磨。欠磨时，金粒的解离度低，单体金粒含量少；过磨时金粒过细，减少适于混汞的金粒的粒级含量。含金矿石的磨矿细度取决于矿石中金粒的嵌布粒度，只有粗、细粒金粒含量较高的矿石经磨矿后才适合进行混汞作业。若矿石中的金粒大部分呈微粒金形态存在，磨矿过程中金粒的单体解离度低，此类矿石不宜采用混汞法提金。

处理适于混汞的含金矿石时，混汞作业金的回收率一般可达60%～80%。

4.4.2 自然金的成色

单体解离金粒的表面能与金粒的成色(纯度)有关，纯金的表面最亲汞疏水，最易被汞润湿。但自然金并非纯金，常含有某些杂质，其中最主要的杂质是银，银含量的高低决定自然金粒的颜色和密度。银含量高(达25%)时呈绿色，银含量低时呈浅黄至橙黄色。此外，自然金还含有铜、铁、镍、锌、铅等杂质。自然金粒成色越高，其表面越疏水，金-水界面的表面能越大，其表面的氧化膜越薄，越易被汞润湿，可混汞指标越接近于1；反之，自然金粒中的杂质含量越高，自然金粒的疏水性越差，可混汞指标越小，越难被汞润湿。如金中含银达10%时，金粒表面被汞润湿的性能将显著下降。砂金的成色一般比脉金高，所以砂金的可混汞指标比脉金的高。氧化带中的脉金金粒的成色一般比原生带中脉金金粒的成色高，所以氧化带中脉金金粒比原生带中的脉金金粒易混汞，混汞时可获得较高的金回收率。

由于新鲜的金粒表面最易被汞润湿，所以内混汞的金回收率一般高于外混汞的金回收率，内混汞可获得较好的指标。

4.4.3 金粒的表面状态

金的化学性质极其稳定，与其他贱金属比较，金的氧化速度最慢，金粒表面生成的氧化膜最薄。金粒表面状态除与金粒的成色有关外，还与其表面膜的类型和厚度有关。磨矿过程中因钢球和衬板的磨损可在金粒表面生成氧化物膜。机械油的混入可在金粒表面生成油膜，金粒中的杂质与其他物质起作用可在金粒表面生成相应的化合物膜，金粒有时可被矿泥罩盖而生成泥膜。所谓金粒“生锈”是指金粒表面被污染，在金粒表面生成一层金属氧化物膜或硅酸盐氧化膜，薄膜的厚度一般为 1～100 μm。金粒表面膜的生成将显著改变金-水界面和金-汞界面的表面能，降低其亲汞疏水性能。因此，金粒表面膜的生成对混汞提金极为不利，应设法清除金粒表面膜。混汞前可预先采用擦洗或清洗金粒表面的方法清除金粒表面膜，实践中除采用对金粒表面有擦洗作用的混汞设备外，还可采用添加石灰、氰化物、氯化铵、重铬酸盐、高锰酸盐、碱或氧化铅等药剂清洗金粒表面，消除或减少表面膜的危害，以恢复金粒表面的亲汞疏水性能。

4.4.4 汞的化学组成

汞的表面性质与其化学组成有关。实践表明，纯汞与含少量金银或含少量贱金属（铜、铅、锌均小于 0.1%）的回收汞比较，回收汞对金粒表面的润湿性能更好，纯汞对金粒表面的润湿性能较差。根据相似相溶原理，采用含少量金银的汞时，金-汞界面的表面能较小，可提高可混汞指标及汞对金粒的捕捉功。如汞中含金 0.1%～0.2%时，可加速金粒的汞齐化过程。汞中含银达 0.17%时，汞润湿金粒表面的能力可提高 70%；汞中含银量达 5%时，汞润湿金的能力可提高 2 倍。在硫酸介质中使用锌汞齐时，不仅可捕捉金，而且还可捕捉铂。但当汞中贱金属含量高时，贱金属将在汞表面浓集，继而在汞表面生成亲水性的贱金属氧化膜，这将大大提高金-汞界面的表面能。降低汞对金粒表面的润湿性、降低汞在金粒表面的扩散速度。如汞中含铜 1%时，汞在金粒表面的扩散需 30～60 min；当汞中含铜达 5%时，汞在金粒表面的扩散过程需 2～3 h。汞中含锌达 0.1%～5%时，汞对金粒失去润湿能力，更不可能向金粒内部扩散。汞中混入大量铁或铜时，会使金汞变硬发脆，继而产生粉化现象。矿石中含有易氧化的硫化物及矿浆中含有的重金属离子均可引起汞的粉化，使汞呈小球被水膜包裹。这将严重影响混汞作业的正常进行。

4.4.5 矿浆温度与浓度

矿浆温度过低，矿浆黏度大，表面张力增大，会降低汞对金粒表面的润湿性能。适当提高矿浆温度可提高混汞指标。但汞的流动性随矿浆温度的升高而增大，矿浆温度过高将使部分汞随矿浆而流失。生产中的混汞指标随季节有所波动，冬季的混汞指标较低。通常混汞作业的矿浆温度宜维持在 15 ℃以上。

混汞的前提是金粒能与汞接触。外混汞时的矿浆浓度不宜过大,以便能形成松散的薄的矿浆流,使金粒在矿浆中有较高的沉降速度,使金粒能沉至汞板上与汞接触,否则,微细金粒很难沉落到汞板上。生产中,外混汞的矿浆浓度一般应小于 10%～25%,但实践中常以混汞后续作业对矿浆浓度的要求来确定外混汞的给矿浓度。因此,混汞板的给矿浓度常大于 10%～25%,磨矿循环中的外混汞矿浆浓度以 50%左右为宜。内混汞的矿浆浓度因条件而异,一般应考虑磨矿效率,内混汞矿浆浓度一般高达 60%～80%。碾盘机及捣矿机中进行内混汞的矿浆浓度一般为 30%～50%。内混汞作业结束后,为了使分散的汞齐和汞聚集,可将矿浆稀释,有利于汞齐和汞的沉降和聚集。

4.4.6 矿浆的酸碱度

实践表明,在酸性介质中或氰化物溶液(浓度为 0.05%)中的混汞指标最好,由于酸性介质或氰化物溶液可清洗金粒表面及汞表面,可溶解其上的表面氧化膜。但酸性介质无法使矿泥凝聚,无法消除矿泥、可溶盐、机油及其他有机物的有害影响。在碱性介质中混汞可改善混汞的作业条件,如用石灰作调整剂时,可使可溶盐沉淀,可消除油质的不良影响,还可使矿泥凝聚,降低矿浆黏度。一般混汞作业宜在 pH 值为 8～8.5 的弱碱性矿浆中进行。此外,混汞设备及混汞的作业条件、水质、含金矿石的矿物组成及化学组成等因素对混汞指标的影响也不可忽视。

4.5 混汞生产实例

我国黄金生产历史悠久,在混汞的生产实践方面积累了丰富的经验,下面举例介绍外混汞操作实践。

我国某黄金矿山系处理金-铜-黄铁矿矿石。金属矿物占 10%～15%,主要为黄铜矿、黄铁矿、磁铁矿及少量其他铁矿物。脉石矿物主要为石英、绿泥石片麻岩。原矿铜的平均品位 0.15%～0.20%,铁的品位 4%～7%,金的平均品位为 10～20 g/t,银的品位大约为金的 2.8 倍。金粒较细,平均粒径 17.2 μm,最大为 91.8 μm,表面洁净。大部分金呈游离状态存在,部分金与黄铜矿共生,少量金则与磁黄铁矿、黄铁矿共生。可混汞金约占 60%～80%。矿石中含有为数不多的铋,其硫化矿物会恶化混汞作业效果。

原矿经一段磨矿处理,磨矿细度为小于 0.074 mm 占 60%。在球磨机与分级机的闭路循环内设有两段混汞板。第一段混汞板为两槽并列配置(每槽长 2.4 m,宽 1.2 m,倾角 13°),设置在球磨机排矿口前。第二段混汞板也是两槽并列配置(每槽长 3.6 m,宽 1.2 m,倾角 13°),设置在分级机溢流堰的上方。从球磨机排出的矿浆先经第一段混汞板,其尾矿流到集矿槽内,再用给矿机提升到第二段混汞板,经两段混汞后的尾矿流入分级机,分级机溢流送往浮选。

该金矿的混汞板操作条件考虑到浮选作业的要求,例如,混汞板的适宜矿浆浓度本应为 10%～25%,但为避免浮选前脱水而规定为 50%～55%。磨矿机排矿粒度规定为小于 0.074 mm 占 60%,混汞板上矿浆流速为 1.0～1.5 m/s。将石灰添加到球磨机内,这是基于混汞和浮选作业的共同要求,矿浆的 pH 值应为 8.5～9.0。

汞板每 15～20 min 检查一次，并补加汞。汞的补加量一般为原矿含金量的 5～8 倍。汞消耗量 5～8 g/t(包括混汞作业外损失)。每班刮取汞膏一次，此时，两列汞板轮流作业，交替刮取。如汞板发生变化，或偶尔落入多量机油危害混汞作业时，则应立即刮取汞膏。汞膏要经充分洗涤，洗到不含铁渣和硫化物为止。必要时可加汞稀释或用肥皂水清洗。

该金矿金的总回收率为 93%，其中混汞金的回收率为 70%，浮选金的回收率为 23%，浮选铜精矿含金矿物 400～800 g/t。该金矿汞膏含汞 60%～65%，含金 20%～30%，经火法冶炼得出含金 55%～70%的金银合金外售。

因混汞板设在磨矿分级循环内，已汞膏化但没被汞板挂住的金汞膏不可避免地会沉积在磨矿分级循环内。该金矿每月在此回路中可清洗出约占原矿含金量 2%～5%的金汞膏。

4.6 混汞提金的安全措施

只要严格遵守混汞作业的安全技术操作规程，就可使混汞时对人体的有害影响降至最低程度。我国黄金矿山采取了许多有效的预防汞中毒的措施，其中主要有：

(1) 加强安全生产教育，自觉遵守混汞操作规程，装汞容器应密封，严禁汞蒸发外逸。混汞操作时应穿戴防护用具，防止汞与皮肤的接触。有汞的场所严禁存放食物，禁止吸烟和进食。

(2) 混汞车间和炼金室应有良好的通风，汞膏的洗涤、压滤及蒸汞作业可在通风橱中进行。

(3) 混汞车间及炼金室的地面应坚实、光滑并有 1%～3%的坡度，并用塑料、橡胶、沥青等不吸汞材料铺设，墙壁和顶棚宜涂刷油漆(因木材、混凝土是汞的良好的吸附剂)，并定期用热肥皂水或浓度为 0.1%的高锰酸钾溶液刷洗墙壁和地面。

(4) 混汞操作人员的工作服应用光滑、吸汞能力差的高绸和蚕丝料制作，工作服应常洗涤并存放于单独的通风房内。干净衣服应与工作服分别存放。

(5) 必须在专门的隔离室中吸烟和进食，下班后用热水和肥皂洗澡，并更换全部衣服和鞋袜。

(6) 对含汞高的生产场所，应尽可能改革工艺，简化流程，尽可能机械化、自动化，以减少操作人员与汞接触的机会。

(7) 定期对作业场所的样品进行分析，采取相应措施控制各作业点的含汞量，定期对操作人员进行体检，汞中毒者应及时送医院治疗。

(8) 含汞废气、废水及时净化。

5 氰化浸金原理

5.1 氰化法提金概述

氰化法提金工艺是现代从矿石或精矿中提金的主要方法之一，属于湿法冶金的范畴，具有回收率高、对矿石适应性广等优点。氰化法提金工艺主要包括溶解(氧化、化学溶解)和沉积(电沉积、置换、沉淀)两个过程。

氰化法从开始出现到现在已具有200多年的演变史：

(1) 1783年，斯奇尔(Scheele)确认了氰化溶液溶解金；

(2) 1846年，埃塞纳(Elsner)研究了氧在氰化过程中的作用机理；

(3) 麦克阿瑟、福雷斯特兄弟取得了熔解金银的氰化法专利和用锌屑置换沉淀金的专利，把氰化法发展成为一种工业方法；

(4) 1889年新西兰Crown矿第一个氰化厂投产，至今仍得到广泛的应用。

5.2 金在氰化物中溶解机理

金在含氧氰化物溶液中浸出过程总是在固、液、气界面上进行的多相化学反应过程。其产物是可溶性的金氰络合物，因而，该体系的反应历程大致可分为以下5个步骤：

(1) 反应物 O_2 和 CN^- 移向金表面；

(2) O_2 和 CN^- 在金表面上被吸收；

(3) 在金表面上发生反应；

(4) 反应产物氰亚金酸盐解吸；

(5) 氰亚金酸盐从金表面向溶液内转移。

5.2.1 金溶解反应式

关于金溶解的化学反应式，目前主要有两种观点。

(1) 埃塞纳(Elsner)认为，金在氰化物溶液中溶解必须有氧参加反应，并提出下列反应式：

$$4Au+8CN^-+O_2+2H_2O \longrightarrow 4[Au(CN)_2]^-+4OH^-$$

(2) 波丹德(Bodander)认为，上述反应是分两步进行的：

$$2Au+4CN^-+2H_2O+O_2 \longrightarrow 2[Au(CN)_2]^-+2OH^-+H_2O_2$$

$$2Au+4CN^-+H_2O_2 \longrightarrow 2[Au(CN)_2]^-+2OH^-$$

其实波丹德(Bodander)两步反应的综合，与埃塞纳(Elsner)反应式是一致的，可认为 H_2O_2 是由于溶解于水中的氧发生还原反应而产生的中间产物。

5.2.2 氰化过程的热力学

为了预测金在不同条件下的行为，首先要进行热力学分析，这种研究涉及体系内部各种可能反应的电化学推动力的估计。通过这些可以判断在给定条件下是否发生一种特殊反应，如能发生，则反应达到平衡之后将进行多久。反应能否发生是体系达到平衡状态的关键。

金的氧化-还原电位极高：

$$Au = Au^{+} + e \qquad \varphi_0 = +1.88\ V$$

工业上常用的氧化剂(硝酸、硫酸、盐酸)的电位都比金的低，因而都不能氧化金。但是，由能斯特方程可知，金属盐溶液中金属的电位取决于该金属的离子活度，因此，可知25 ℃时金的电位：

$$\varphi = 1.88 + 0.059\lg \alpha_{Au^{+}} \tag{5-1}$$

上式表明，降低溶液中金离子的活度，可以降低金的电位，这也是氰化物溶液溶解金的基础。

研究表明在氰化过程中，氰离子与 Au^{+} 和 Au^{3+} 均可生成络离子，但在正常浸出条件下，前者占优势且结合的络合物非常牢固，其络合系数为 10^{38}，其解离平衡式为：

$$[Au(CN)_2]^{-} = Au^{+} + 2CN^{-}$$

因此，在有 CN^{-} 存在的条件下，Au^{+} 的活度可显著降低。从中求出 Au^{+} 的活度，代入式(5-1)中，则可以得到含游离 CN^{-} 溶液中金的电位为 −0.54 V。

而在碱性溶液中，O_2 有关的半电池反应为：

$$O_2 + 2H_2O + 4e = 4OH^{-} \qquad \varphi = +0.40\ V$$

$$O_2 + 2H_2O + 2e = H_2O_2 + 2OH^{-} \qquad \varphi = -0.15\ V$$

$$H_2O_2 + 2e = 2OH^{-} \qquad \varphi = +0.95\ V$$

氧化-还原电位都高于含游离 CN^{-} 溶液中金的电位，所以，在热力学上金的溶解反应十分容易进行，即在氰化物溶液中金十分容易被氧化，以 $Au(CN)_2^{-}$ 配离子的形式进入溶液。

5.2.3 氰化过程的动力学

金与氰化物溶液的相互作用是在固液两相界面上进行的。因此，氰化过程是一个典型的多相反应过程，多相过程的反应速度取决于总反应历程各阶段的速度，而且最慢阶段的速度决定整个过程的速度。

氰化物溶液中金的溶解过程至少由四个阶段组成：

(1) 氰化物溶液吸附(溶解)氧；

(2) CN^{-} 和 O_2 由溶液内部迁移到金属表面；

(3) 金属表面的自身化学反应；

(4) 反应产物由金属表面迁移到溶液内部。

研究表明，反应物质的扩散速度明显小于化学反应速度，也就是说，整个过程的速度主要决定于扩散速度。

根据费克第一定律，分子扩散的结果可由下式表示：

$$D_m = -DSdt(dC/dx) \tag{5-2}$$

式中 D_m——通过平面的物质数量；

D——扩散系数，m^2/s；

S——该表面面积，m^2；

dt——扩散时间，s；

dC/dx——浓度梯度，atoms/($m^3 \cdot m$)或 kg/($m^3 \cdot m$)。

式(5-2)中"－"表示扩散方向为浓度梯度的反方向，即扩散由高浓度向低浓度区进行。

扩散速度为单位时间内通过单位面积的试剂量，即：

$$j = dm/dt = -DS(dC/dx) \tag{5-3}$$

式中 j——扩散速度，mol/($cm^2 \cdot s$)。

设 C_n 表示固体表面的试剂浓度，C_0 表示溶液内部实际的浓度。可粗略地认为，在扩散层范围内，浓度的变化具有线性的特点，dC/dx 可近似由 $(C_n - C_0)/\delta$ 来代替，那么式(5-3)可以表示为：

$$j = -DS(C_n - C_0)/\delta \tag{5-4}$$

由于化学反应速度远高于扩散速度，接近固体表面的试剂离子或分子立即参加化学反应，所以 $C_n \ll C_0$，与 C_0 相比，C_n 可忽略不计，于是上式可进一步简化为：

$$j = DSC_0/\delta \tag{5-5}$$

该式表示，氰化过程在扩散区进行时，试剂向被浸出物之表面的扩散速度，也就是整个浸出过程的速度，与浸出温度(影响扩散系数 D)、搅拌强度(影响能斯特界面层或扩散层厚度 δ)和试剂浓度有关。

若按参加反应的一种试剂的消耗速度来表示浸出过程的速度，则按埃塞纳(Elsner)反应式进行反应的金的溶解速度可表示为：

$$j_{Au} = 0.5 j_{CN^-} = 2 j_{O_2}$$

金在氰化溶液中的溶解反应并不是一个纯化学过程，而是一个电化学过程，即溶解氧被还原成 H_2O_2 和 OH^-，而金发生氧化反应，与氰根离子络合成金氰络离子 $[Au(CN)_2]^-$ 进入水溶液中，其反应如下：

阳极反应：

$$Au + 2CN^- \longrightarrow [Au(CN)_2]^- + e$$

阴极反应：

$$O_2 + 2H_2O + 2e = H_2O + 2OH^-$$

根据动力学研究结果，金的溶解速度取决于反应试剂的扩散速度，根据式(5-5)，O_2 和 CN^- 的扩散速度分别表示为：

$$j_{O_2} = (D_{O_2}/\delta) A_1 [O_2]$$

$$j_{CN^-} = (D_{CN^-}/\delta) A_2 [CN^-]$$

式中 j_{O_2}，j_{CN^-}——O_2 和 CN^- 的扩散速度，mol/s；

D_{O_2}，D_{CN^-}——溶解氧和氰化物的扩散系数，cm^2/s；

$[O_2]$，$[CN^-]$——溶液中 O_2 和 CN^- 的浓度；

A_1，A_2——发生阴极和阳极反应的表面面积，cm^2。

根据埃塞纳(Elsner)反应式，金的溶解速度是氧消耗速度的两倍，是氰化物消耗速度的一半，则有：

$$j_{Au}=2j_{O_2}=2(D_{O_2}/\delta)A_1[O_2]$$

$$j_{Au}=0.5j_{CN^-}=0.5(D_{CN^-}/\delta)A_2[CN^-]$$

当金具有最大溶解速度时，上面两式应达到平衡

$$2j_{O_2}=2(D_{O_2}/\delta)A_1[O_2]=0.5(D_{CN^-}/\delta)A_2[CN^-]$$

因此相接触的金属总面积 $A=A_1+A_2$，则通过上述三式可推导金的溶解速度为 j_{Au}。

$$j_{Au}=\frac{2AD_{O_2}[O_2]D_{CN^-}[CN^-]}{\delta\{D_{CN^-}[CN^-]+4D_{O_2}[O_2]\}}$$

当氰化物浓度很低时，分母第一项可以忽略，则：

$$j_{Au}=\frac{AD_{CN^-}[CN^-]}{2\delta}$$

也就是说，氰化物浓度低时，金的溶解速度仅取决于氰化物的浓度。

同理，当氰化物浓度高时，分母第二项可以忽略，则：

$$j_{Au}=\frac{2AD_{O_2}[O_2]}{\delta}$$

即氰化物浓度高时，金的溶解速度仅取决于氧的浓度。

当金的溶解速度达到极限值时：

$$\frac{[CN^-]}{[O_2]}=4\frac{D_{O_2}}{D_{CN^-}}$$

可见表 5-1。

表 5-1　　氧和氰化物的扩散系数

温度/℃	KCN 浓度/%	D_{CN^-}/($\times10^{-5}$ cm^2/s)	D_{O_2}/($\times10^{-5}$ cm^2/s)	D_{O_2}/D_{CN^-}
18	—	1.72	2.54	1.48
25	0.03	2.01	3.54	1.76
27	0.017 5	1.75	2.20	1.26
平均值		1.83	2.76	1.50

根据表 5-1 可以查得 D_{CN^-} 和 D_{O_2} 的平均值，即：

$$D_{CN^-}=1.83\times10^{-5}\ \text{cm}^2/\text{s}$$

$$D_{O_2}=2.76\times10^{-5}\ \text{cm}^2/\text{s}$$

那么：

$$\frac{[CN^-]}{[O_2]}=4\times1.5=6$$

因此，当氰化物和氧气浓度比值为 6 时，金的溶解速度达到极限溶解速度，这与实验值 4.6～7.4 是吻合的。

从工艺观点来看，为了达到最大溶解速度，重要的既不单是溶解氧的浓度(即溶液的充气程度)，也不单是游离氰化物的浓度，而是两者浓度之比，使氰化物与溶解氧的摩尔浓度之比达到 6 左右。

5.3 氰化浸出剂

在金的氰化浸出中常用的药剂主要有三类，即浸出剂氰化物、保护碱和过氧化物助浸剂。

(1) 氰化物

常用的氰化物有 NaCN、KCN、NH_4CN 和 $Ca(CN)_2$，选择氰化物时，须考虑其对金的相对溶解能力、稳定性、价格及所含杂质对金溶解的影响。

相对溶解能力：$NH_4CN > Ca(CN)_2 > NaCN > KCN$

在空气中的稳定性：$KCN > NaCN > NH_4CN > Ca(CN)_2$

价格：$KCN > NaCN > NH_4CN > Ca(CN)_2$

目前生产中使用最多的是 NaCN，其含杂质较少，纯度一般为 94%～98%左右。

(2) 保护碱

碱金属的氰化物属于强碱弱酸盐，CN^- 在水中水解时，会生成挥发性的 HCN 和 OH^-：

$$CN^- + H_2O = OH^- + HCN\uparrow$$

氰化物水解时，一方面造成氰化物的大量损失，另一方面，剧毒的氢氰酸蒸气会造成严重的空气污染。

研究表明，当把碱加入到溶液中时，可有效抑制氰化物的水解作用。在生产实践中利用这一原理，通过向氰化物溶液中加入少量碱，来保护氰化物免遭水解，因此，称为保护碱。

碱的加入还可以中和因矿浆中硫化物的氧化等所产生的酸(硫酸、碳酸)，防止无机酸对氰化物的分解作用。

$$2NaCN + H_2SO_4 = Na_2SO_4 + 2HCN\uparrow$$

$$2NaCN + H_2CO_3 = Na_2CO_3 + 2HCN\uparrow$$

另外，碱的加入还可以降低铁矿物对 CN^- 的破坏作用：

$$FeSO_4 + 6NaCN = Na_4Fe(CN)_6 + Na_2SO_4$$

但碱度过高会降低金的溶解速度，而且过高的碱度，会增加氰化物与某些矿物的反应活性，增加其耗量。因此，必须通过试验确定适宜的碱浓度，以获得金的最大溶解速度。生产实践中，通常把 pH 值控制在 11～12 范围内，并主要采用廉价的石灰作为保护碱，石灰浓度一般控制在 0.01%～0.05%，如果为防止管道结垢，也可采用氢氧化钠。

5.4 金氰化浸出过程的主要影响因素

影响金氰化浸出的因素很多，总起来可概括为两个方面：一是矿石性质，它既有金本身的工艺矿物特性，又有伴生矿物的行为；二是氰化的工艺条件，即各种操作因素的影响。

5.4.1 氰化物和氧的浓度

溶液中氰化物和氧的浓度是决定金溶解速度的主要因素。我们已经知道，氰化过程中 $[CN^-]/[O_2]$ 的值为 6 时，理论上金的溶解速度达到极限值，在室温和常压下，为空气所饱和的氰化物溶液中含 $[O_2] = 8.2$ mg/L，相当于 0.27×10^{-3} mol/L；则最佳氰化物浓度为

1.62×10^{-3} mol/L，相当于 0.008%的 NaCN。在实际生产中，由于氰化物的机械损失和其他化学消耗，通常使用浓度 0.02%～0.06%的 NaCN 溶液。

试验表明，当氰化物浓度低于 0.05%时，金的溶解速度随氰化物浓度的提高而快速上升，之后，随着氰化物浓度的增大，金的溶解速度上升缓慢，当氰化物浓度大于 0.15%时，继续增大氰化物浓度，金的溶解速度反而略有下降。

在高浓度的氰化物溶液中，金的溶解速度与氰化物浓度无关，仅随氧的供入量的增加而增大。

5.4.2 矿浆温度

矿浆温度从两个方面影响氰化过程，一方面提高温度将导致氰根和氧气扩散系数增大和扩散层减薄，有利于提高金的溶解速度；另一方面会降低氧的溶解度从而降低溶液中氧的浓度。试验表明，金的溶解速度随温度的升高而增大，在 85 ℃时达到最大值，继续升高温度，溶解速度下降。

但矿浆升温提高了处理矿石的成本，因此，在工业上不采用升温的方法来处理矿石，氰化矿浆的温度一般维持在 10～20 ℃以上即可。

5.4.3 矿浆的 pH 值

目前多数氰化厂在高碱性环境下进行氰化，以降低氰化物耗量。一般采用石灰将 pH 值调至 11～12。但采用石灰做保护碱，当 pH 值大于 12 时，金的浸出速度明显降低，这可能是由于石灰与矿浆中积累的过氧化氢反应生成过氧化钙的缘故。采用苛性钠做保护碱时，矿浆 pH 值大于 12 后，金的浸出速度也有所下降。

5.4.4 搅拌速度

通过搅拌可以有效地增大扩散系数，有利于提高金的溶解速度，但搅拌需要消耗能量，转速越快，耗能越高，因此，在实际生产中，需要找到合理的平衡点。

5.4.5 矿泥的含量

矿浆中的矿泥极难沉降，悬浮在矿浆中，会增加矿浆黏度，降低试剂的扩散速度和金的浸出速度，矿泥还会吸附氰化矿浆中的部分已溶金。

5.4.6 矿浆的浓度

矿浆浓度较低时，可相应提高金的浸出速度和浸出率，但浓度过低，造成矿浆体积较大。一般含泥量少时，矿浆浓度小于 30%～33%，含泥量多时，矿浆浓度小于 20%～25%。

5.4.7 浸出时间

氰化浸出初期，金的浸出速度较高，氰化浸出后期，金的浸出速度很低，并使浸出率逐渐趋近于某一极限值，其原因是：

① 在浸出过程中，随着金的不断溶解，金粒的体积和数目在不断减少，即与氰化物溶液接触表面积越来越小。

② 随着金的浸出，氰化药剂、溶解氧以及含金氰结合物的扩散距离越来越大，尤其是嵌布在矿物裂缝中的金粒更是如此，这种现象即使增加搅拌强度也很难奏效。因此有些选厂采用低速搅拌和较长时间的浸出。

③ 在金溶解的同时，矿浆中的杂质元素不断增加和积累，有些杂质会在金粒表面形成有害薄膜，使之钝化，阻碍金粒的进一步溶解。

④ 随着浸出时间的延长，溶液中金的浓度增加，给金的继续浸出带来不利影响。阶段浸洗流程及炭浆工艺都因降低了浸出过程中溶液金的浓度而提高了浸出率。

一般搅拌氰化浸出时间常大于 24 h，碲化金的浸出时间在 72 h 左右，渗滤氰化浸出时间一般在 5 d 以上。

5.4.8 矿浆中的杂质组分

在金矿石氰化过程中，由于伴生矿物的溶解和分解，矿浆中不可避免地含有一些杂质离子。

当溶液中有少量铅存在时，有利于金的溶解，这是由于铅与金构成原电池，有利于金转入溶液，但铅盐过量时，金的溶解速度降低，这是由于金表面生成了不溶 $Pb(CN)_2$ 薄膜而阻滞了金的溶解。

溶液中硫离子的存在，可在金粒表面形成一层不溶的硫化亚金薄膜，对金的溶解产生阻滞效应，即便溶液中硫离子浓度很低，也可明显降低金的溶解速度。

氰化法直接处理浮选金精矿时，金的浸出率通常较低，这是由于精矿表面覆盖有浮选药剂，因此，通常在氰化前进行洗涤和脱药。

5.4.9 金颗粒大小及嵌布状态的影响

一般粗粒金的浸出速度慢，所以氰化前通常采用混汞法、重选法等预选回收粗粒金。单体解离金及已暴露的连生体金均可氰化浸出。呈包裹体形态存在的微粒金无法直接氰化浸出，需要氧化焙烧或熔融破坏包裹体。

5.4.10 伴生矿物的影响

矿石中的矿物组分既能直接影响氰化过程，又能利用其分解的产物间接影响金的溶解，影响最显著的矿物分别为铁矿物、铜矿物、砷锑矿物等，含碳矿物与氰化溶液不发生作用。

(1) 铁矿物

与金伴生的氯化物型铁矿物，如赤铁矿、磁铁矿、褐铁矿、菱铁矿等几乎不与氰化物发生反应，因此对浸出过程影响不大。而硫化物型的铁矿物，其中黄铁矿、白铁矿和磁黄铁矿是金矿石最常见组分，不仅能与氰化溶液发生反应，而且其氧化产物也能与氰化物反应，因而对浸出过程有显著的影响。因其反应能力不同，它们与氰化物反应能力的顺序为：磁黄铁矿＞白铁矿＞黄铁矿。

氰化过程中，硫化铁矿物的行为特征是，氰化溶液主要不是与硫化物直接作用，而是与其氧化产物相互作用。因此，硫化铁矿物氧化速度的快慢决定了其对氰化过程的影响程度。慢速氧化硫化铁矿物主要为结晶粗大的黄铁矿，对氰化过程的影响很小；快速氧化硫化铁矿物主要为磁黄铁矿、部分白铁矿，有时包括细粒黄铁矿，如不采取特殊处理，会使氰化物耗量增加，金的浸出率降低。

快速氧化硫化铁矿物使氰化困难的原因在于：① 由于氰化溶液中氧浓度会显著降低，使金的溶解速度降低；② 由于氰化物无益地转化为硫氰酸盐和亚铁氰酸盐，使氰化物耗量增加。

在生产实践中，可采取以下措施克服以上问题：① 氰化之前，在碱液中充气浸出，使硫化铁氧化成不与氰化物发生作用的 $Fe(OH)_3$，而且，可以在硫化物表面形成一层 $Fe(OH)_3$ 薄膜，从而防止硫化物与氰化物溶液进一步作用；② 在氰化过程中强烈充气，提高氰化溶液中氧的浓度，加快金的溶解速度；③ 采用氧化焙烧使矿石中的硫化物分解。

（2）铜矿物

大部分铜矿物可与氰化溶液发生作用，生成铜氰络阴离子 $[Cu(CN)_3]^{2-}$，从而造成氰化物耗量增大。除黄铜矿、硅孔雀石外，几乎所有的铜矿物都能快速地完全溶解于氰化溶液中，这就使矿石中含有少量的铜时，就会造成氰化物的大量消耗。

含铜金矿物除大量消耗氰化物外，还会在金的颗粒表面生成 CuCN 薄膜，覆盖在金的表面，使金难以转入溶液。研究发现，降低氰化物浓度时，铜矿物与氰化溶液的作用会显著减弱，因此，工业上有时采用低浓度氰化溶液处理含铜金矿石。

研究还发现，原生硫化铜对氰化过程并无显著影响，影响显著的主要是金属铜、氧化铜和次生硫化铜矿物，也可将后者称为易溶铜，当矿石中易溶铜的含量大于 0.1%时，将无法采用常规氰化法提金。

（3）砷、锑矿物

对氰化最为有害的是辉锑矿（Sb_2S_3）、雌黄（As_2S_3）、雄黄（As_4S_4）、毒砂（FeAsS）。矿石中含有少量这些矿物就会显著增加氰化物的耗量，主要是由于它们与碱性氰化溶液的相互作用造成的。

砷黄铁矿虽然在碱性氰化溶液中不分解，但砷黄铁矿中通常含有微细粒分散金，甚至在细磨条件下也不能暴露，从而造成矿石难以直接氰化。

（4）含碳矿物

金矿石中碳质矿物（石墨、隐晶质碳、有机碳等）在氰化过程中具有“劫金效应”，即对氰化过程已溶金 $[Au(CN)_2]^-$ 具有吸附作用，从而使已溶金过早沉淀，随尾矿流失。为了消除碳质物质对氰化过程的不良影响，可采用下述方法：① 物理分离法。可用非极性油浮选或重力分离方法将碳预先分离出来。② 加油掩蔽法。在氰化之前加入少量煤油等药剂，使之在碳质矿物表面吸附，抑制碳对已溶金的吸附作用。③ 化学氧化法预处理。氰化之前，通过向碱性矿浆中通入氯气或加入次氯酸钠等，在一定温度下（60～80 ℃），使碳质物完全氧化，而彻底消除其对已溶金的吸附作用。④ 竞争吸附法。在氰化开始时，加入活性炭，及时将已溶金吸附于活性炭上而回收。

6 氰化浸出工艺

物料的浸出方法可以分为渗滤浸出和搅拌浸出。渗滤浸出又可根据不同的方式分为槽浸、堆浸和就地浸出。就地浸出通常是在采矿爆破后,直接在采场进行浸出,属化学采矿范畴。

6.1 渗滤氰化堆浸法

堆浸法就是将金矿石堆垛于防渗底垫上,采用低浓度的碱性氰化溶液在矿堆顶部喷淋,使矿石中的金溶解于氰化溶液中,含金贵液从矿堆底部渗滤出来,汇入储液池中,然后用活性碳吸附或锌置换法回收贵液中的金(活性炭吸附回收率较高),脱金后的贫液补充氰化钠溶液后返回喷淋。其工艺流程如图 6-1 所示。

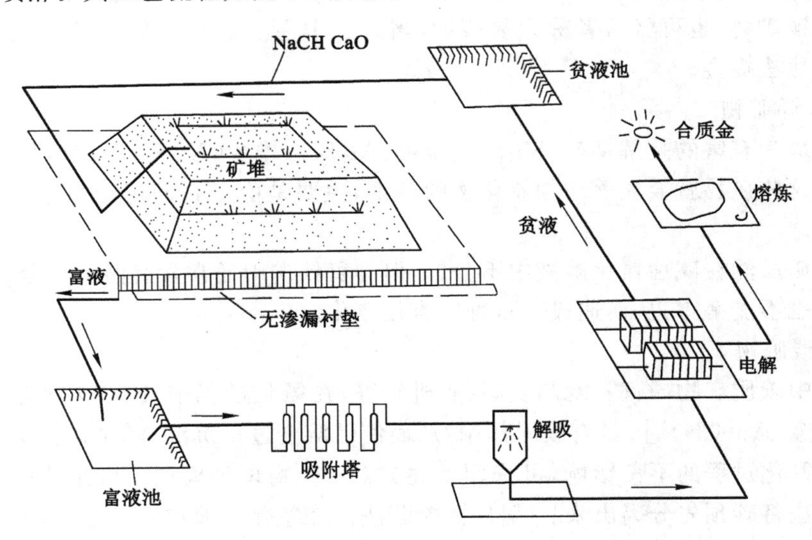

图 6-1 堆浸提金工艺流程示意图

美国矿产局 1967 年起率先用此法浸出低品位的金矿石。国际上产金大国普遍采用堆浸法提金,我国无论是堆浸规模还是技术上都与国际上存在较大差距。我国最大的堆浸厂是福建紫金山金矿。

适宜堆浸的矿石一般具有以下特点:① 矿石结构疏松,具有良好的渗透性,包括各种类型的氧化矿石、风化带矿石以及裂隙发育的脉金矿石。② 矿石中金的粒度细小,粗粒金所需溶解时间长。③ 矿石中黏土含量高,影响矿石的渗透性。处理黏土含量高的矿石,可采用制粒提高矿堆的渗透性。④ 有害杂质(砷、锑、碳、铜等)组分少。由于堆浸法对矿石性质有上述要求,在采用堆浸工艺之前,一般要开展详细的工艺矿物学研究和可浸性试验研究。

堆浸技术经济效益好，技术成熟。在经济方面，它比其他常规提金方法，尤其是处理低品位金矿成本低很多；工艺技术方面，能够处理常规提金工艺不能处理的低品位金矿石(0.5～1 g/t)，同时具有无厂房、生产流程简单、易管理的优点。

矿石达到一定堆浸要求时运至堆浸场堆成矿堆，然后在矿堆表面喷洒氰化浸出剂，浸出剂从上至下均匀渗滤通过固定矿堆，使金进入浸出液中。渗滤氰化堆浸原则流程如图 6-2 所示，主要包括矿石准备、建造堆浸场、筑堆、渗滤洗涤和金银回收等作业。

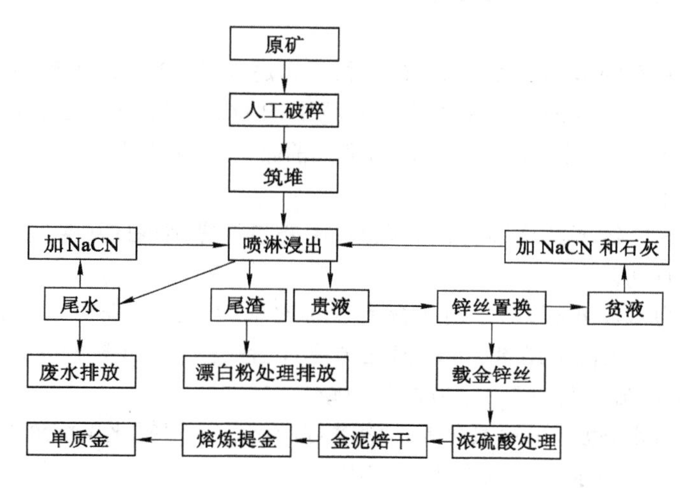

图 6-2　氰化堆浸试验工艺流程

6.1.1　堆浸厂设计

堆浸厂可置于山坡、山谷或平地(要求 3%～5%的坡度，便于溶液自流)上，对地面进行清理和平整后，需进行防渗处理。

堆浸厂有复用堆浸厂和永久堆浸厂两种。国内多采用复用堆浸厂，这是由于国内处理的矿石多为 2～3 g/t 的中低品位金矿石，且多为破碎堆浸或制粒堆浸，浸出速度快，周期短；国外多设计成永久性堆场，用于处理浸出速度不一致的矿石或未经破碎的原矿石直接堆浸。

复用堆场的典型配置是将溶液池及吸附系统布置在场地一侧低标高处，便于溶液自流，破碎制粒系统设在堆场另一侧的适中地带，防止矿石输送系统与喷淋系统交叉。

堆浸场内的溶液池容积要求能容纳矿堆停喷 3～5 d 内流出的溶液量，以及下暴雨时进入堆场的雨水量，一般正常操作时溶液体积是池子容积的 1/3，通常贫液池不少于 3 个。

防渗材料可用尾矿掺黏土、沥青、钢筋混凝土、橡胶板或塑料薄膜等。国内的复用堆场多采用混凝土构筑 100～150 mm 厚的防渗层，并留有伸缩缝，缝中注满沥青；国外多采用 PVC 薄膜或 PVC 软板的形式构筑。要求防渗层不漏液并能承受矿堆压力。为了保护防渗层，常在其上铺细粒废石和 0.2～0.5 mm 厚的粗粒废石。

6.1.2 堆浸矿石的准备

(1) 破碎

用于堆浸含金矿石通常先破碎,破碎粒度视矿石性质和金粒嵌布特性而定。一般而言,堆浸的矿石粒度越细,矿石结构越疏松多孔,氰化堆浸时的金银浸出率越高。但堆浸矿石粒度越细,堆浸时的渗浸速度越小,甚至使渗滤浸出过程无法进行。一般渗滤氰化堆浸下,矿石可碎至 10 mm 以下。矿石含泥量少时,矿石可碎至 3 mm 以下。

(2) 制粒

由于待浸含金矿石的破碎粒度越细,金矿物暴露越充分,金浸出率越高。但矿石破碎粒度越细,破碎费用越高,产生的粉矿量越多。矿石中的粉矿对堆浸极为不利,当矿石黏土含量较高或-200 目粉矿含量较高(>10%)时,堆浸前常进行制粒预处理。

① 制粒技术条件

进行制粒预处理时需要考虑多种条件因素,主要包括黏结剂的种类和数量、水量和氰化钠溶液量以及固化时间。

常用的黏结剂为水泥和石灰,分别进行大量对比试验。试验表明,水泥比石灰优越,添加 2.3~4.5 kg/t 的水泥做黏结剂,可产出孔隙率高、渗透性好且较稳定的团粒,浸出时的矿粉不移动,不产生沟流,浸出时无须另加保护碱。

制粒时可采用清水,也可采用氰化钠溶液进行润湿。采用氰化钠溶液润湿,可以提高金的浸出速度。适宜的制粒水量一般为 8%~18%。

固化时间受原料性质、黏结剂种类、环境温度、湿度等多种因素的影响,一般为 8~96 h。

根据国内制粒堆浸实践,在制粒操作时需注意以下几点:① 潮湿物料制粒前必须干燥,以保证物料与黏结剂充分混合;② 粉矿制粒以水泥和石灰混合使用为好;③ 粉状物料制粒,必须喷洒大水滴,喷雾不能制成团;④ 水分适宜的团粒,用手握紧时可成为一个大团,松手后团不会散开;⑤ 含有机质矿石采用石灰做黏结剂时,不宜加氰化钠溶液制粒。

② 制粒设备

常用的制粒设备有圆筒制粒机、圆盘制粒机和皮带输送制粒机、堆矿制粒。圆筒制粒机具有处理量大的特点,适于各种物料制粒,制出的团粒大小不等,一般为 3~200 mm(见图 6-3)。圆盘制粒机制出的团粒均匀,一般在 10~20 mm,特别适合细粒物料的制粒。堆矿制粒和皮带输送机制粒主要用于粉矿含量少(-100 目<15%)的矿石制粒,其制粒过程实际上是粉矿在黏结剂的作用下,黏附于粗粒矿石的过程(图 6-4)。

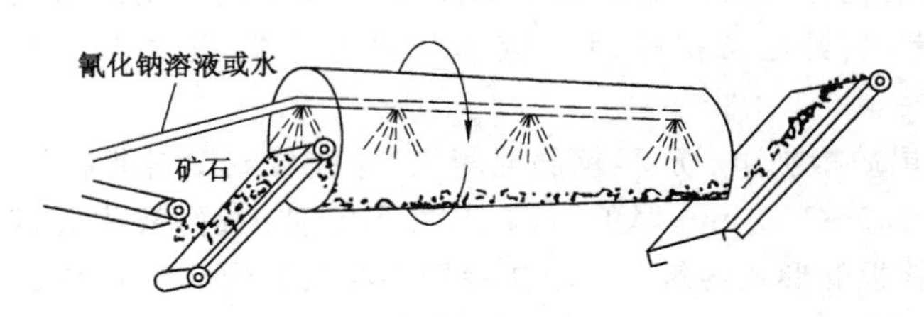

图 6-3 滚筒制粒法

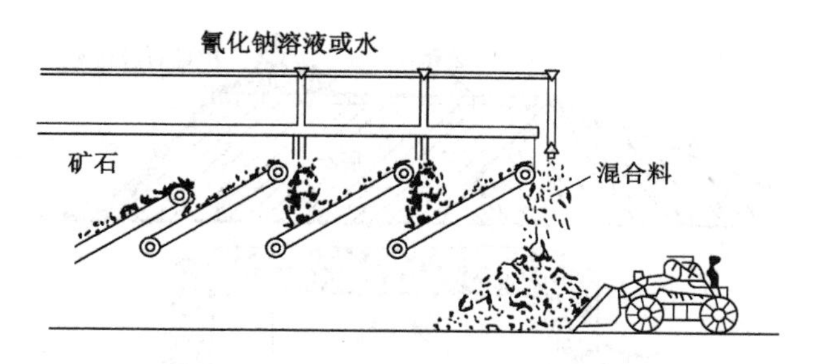

图 6-4 多条皮带输送机制粒法

6.1.3 筑堆

常用的筑堆机械有卡车、推土机(履带式)吊车和皮带运输机等,筑堆方法有多堆法、多层法、斜坡法和吊装法等。

(1) 多堆法

首先采用皮带输送机把矿石一次连续堆成多个圆锥形矿堆,然后用推土机把上部尖顶推平,完成筑堆(图 6-5)。筑堆过程中,由于粗粒在矿堆边的偏析,矿堆表层被压实,造成矿堆内部渗透性不均匀,整个矿堆得不到均匀浸出。因此,当矿石粒度组成既不均匀且粗粒级含量高时,不宜采用此法。

图 6-5 多堆筑堆法

(2) 多层法

采用卡车先堆一层,用推土机推平,再堆再推平,直到堆至设计高度为止(图 6-6)。由于每层都被压实,故矿堆渗透性很差,因此该法在矿石粒度较粗时采用。

图 6-6 多层筑堆法

(3) 斜坡法

利用废石在堆浸厂一侧修筑一道斜坡,其高度略高于设计堆高,用卡车沿斜坡将矿石卸至堆场(图 6-7)。该法特点是一次堆至设计高度,并且粗粒矿石首先落到底垫上,形成一层粗粒层,有利于富液从矿堆排出。该法适用于大规模原矿在平地筑堆。

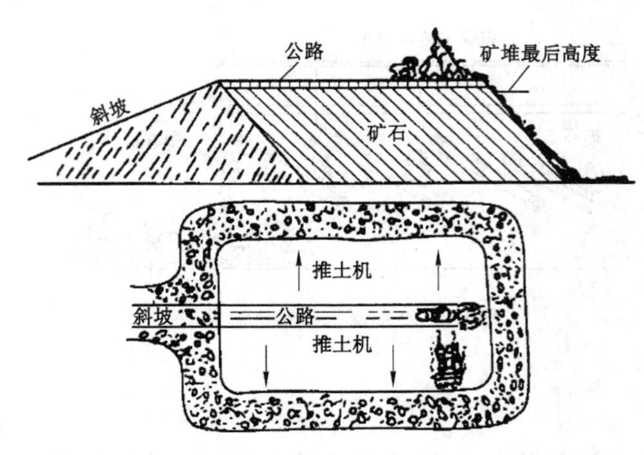

图 6-7　斜坡筑堆法

(4) 吊装法

采用桥式吊车筑堆。其优点是矿堆未被机械压实，渗透性好，不产生偏析，因而浸出指标较好。但该法需架设吊车轨道，基建投资大，且筑堆速度慢，目前工业应用较少。

6.1.4　渗浸和洗涤

矿堆筑成后，一般先用饱和石灰水洗涤矿堆，当洗液 pH 值接近 10 时，再送入氰化物溶液进行渗滤。氰化液经布液系统喷淋(滴淋)于矿堆表面。按布液方式不同，可分为喷淋和滴淋两种。

① 喷淋布液多采用旋转摇摆式喷头(森宁格喷头)，其优点是喷淋半径大、喷洒均匀、液滴大不雾化、不易堵塞、装卸方便；缺点是喷淋液在空气中停留时间较长，在高温和大风情况下，损失较大。

② 滴淋布液通过液滴发生管在一定压力作用下，使溶液一滴一滴均匀而缓慢地滴入矿堆。该布液方式可保证矿堆良好的渗透性，有利于提高金的浸出率，浸出率高于喷淋布液，此外，由于液滴与空气接触时间短，减少了氰化钠的损失。但采用滴淋布液时，氰化溶液须预先进行隔渣处理，且布液系统安装较为复杂。

渗滤氰化堆浸结束后，用新鲜水洗涤几次。若时间允许，每次洗涤后应将洗涤液排净后再洗下一次，以提高洗涤率。洗涤用水的总水量决定于洗涤水的蒸发损失和尾矿含水率等因素。

6.1.5　金的回收

渗滤氰化堆浸所得贵液中的金含量常较低，可用活性炭吸附或锌置换法回收金，但用活性炭逆流吸附可获得较高的金回收率，一般采用 4～5 个活性炭柱富集金，解吸所得贵液送至电积，熔炼电积金粉得成品金。脱金后的贫液经调整氰化物浓度和 pH 值后返回矿堆进行渗滤浸出。

堆浸后的废矿石堆用装载机将其装入卡车，送至尾矿场堆存，可在堆浸场上重新筑堆和渗浸，供一次使用的堆浸场的堆浸后的废石不必运走，成为永久废石堆。

6.2 渗滤氰化槽浸法

槽浸是与堆浸相似的一种提金方法。其原理与工艺过程与堆浸相似，但投资和生产费用较低，所不同的是，槽浸时矿石在浸出槽中完全浸没在浸液中。

槽浸法适合处理－10＋0.074 mm 的含金物料，具有占地面积小、投资少、操作管理简单、动力消耗少的优点，不需要复杂的喷淋系统，用水量少，特别适合于小规模生产，但其生产能力低、金的洗涤不完全、浸出率低且矿泥含量高的物料需要预先分级。

槽浸法多用于处理储量小、金品位高的氧化矿或处理渗透性好的精矿、烧渣。

6.2.1 槽浸设备

槽浸法的主体设备为渗滤浸出槽，见图 6-8，由槽体、防渗衬里和滤底(假底)等组成。

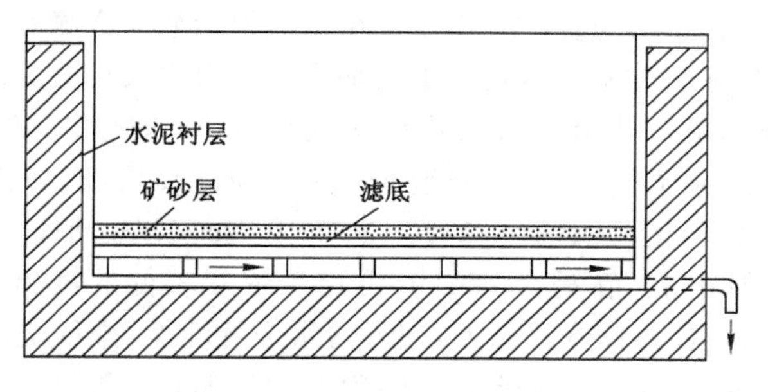

图 6-8 渗滤浸出槽

槽体可用碳钢、木料、混凝土、黏土等构筑，应能承受压力，不漏液，底部出液口方向倾斜(坡度 0.3%左右)；形状可以是圆筒形、长方形、正方形；小型矿山直径一般为 5～12 m(每槽一次处理 75～150 t 矿石)，国外大型渗滤浸出槽直径可达 17 m(每槽一次处理 1 000 t 以上矿石)。

渗浸槽的滤底(假底)距槽底约 100～200 mm，通常由方木条组成的格板及其上铺以滤布构成。滤布既能防止矿砂透过，又能使含金溶液顺利通过。槽底和滤底之间的槽壁上安装排液管，使含金溶液由管道集中排出。防渗衬里的作用在于防止含金溶液的流失及氰化溶液的渗漏，通常为水泥衬里。有的渗滤浸出槽在侧壁或底部设有工作门，供卸出尾矿之用，这类浸出槽的槽底标高一般高于地面。但多数渗浸槽不设活动门，浸渣直接从槽中挖出。

6.2.2 槽浸法操作过程

槽浸法操作过程主要包括装料、浸出、含金溶液中金的沉淀、矿砂洗涤和卸矿几个作业。

(1) 装料

渗浸槽铺好假底后，可将待浸物料装入槽中。渗浸槽装料可分为干法和湿法两种装料方式。

干法装料适用于水分含量在 20%以下的矿砂，采用人力或机械方法将物料装入槽内，然后耙平。人工装料能保证疏松多孔，粒度分布均匀，但劳动强度大；机械法粒度偏析严重，容易产生沟流现象。总的来说，干法能使物料层的间隙充满空气，可提高金的浸出率。苛性钠做保护碱时，将其溶于氰化液中，再加入槽内，石灰做保护碱时，将石灰与待浸物料一起均匀装入槽内。

湿法装料主要用于全年生产的大型矿山。一般待浸物料为矿浆，用泵扬送或沿溜槽自流入渗滤浸出槽内。在槽内矿砂沉降，多余的水和矿泥经环形溢流沟排出。湿法装料时矿砂层中空气少，水分含量高，金的浸出速度较低。

(2) 氰化浸出

进行渗滤氰化浸出时，氰化溶液的流动方向有两种：一是氰化溶液受重力作用自上而下通过矿砂层，二是在压力作用下，自下而上通过矿砂层。前法矿泥易被带到滤布上淤积，降低渗滤速度，后法虽克服了这一缺点，但增加设备和能耗。前法应用较普遍。

氰化溶液的渗滤速度是槽浸作业控制的主要因素，一般保持在 50～70 mm/h。当渗滤速度过大时，可能是粒度偏析或料层厚度不均造成的；当渗滤速度过小时，则多因矿泥和碳酸钙堵塞滤布所致。因此，生产过程中，应定期用水或稀盐酸清洗滤布。

渗滤氰化浸出的作业方法根据氰化溶液的加入或放出方式可分为间歇法和连续法。间歇操作时，浸出剂的加入和浸出液的排出均呈间歇状态，通常先将较浓的浸出剂(0.1%～0.2% NaCN)加入槽中，液面高于料层，浸泡 6～12 h，排尽浸出液，静置 6～12 h，使料层孔隙充满空气，再将中等浓度的浸出剂(0.05%～0.08% NaCN)放回槽中，液面高于料层浸泡 6～12 h，排尽第二次浸出液，静置 6～12 h，再加入浓度较低的浸出剂(0.03%～0.06% NaCN)，浸泡 6～12 h，排尽第三次浸出液，加入清水进行洗涤，排尽洗涤液后即可卸出浸出渣。连续操作时，氰化浸出剂连续不断地加入槽中，渗滤通过待浸物料层后所得的浸出液也连续不断地从槽中排出，渗滤槽浸过程中槽内液面始终略高于待浸物料层。由于间歇操作时，物料层间孔隙间断地被空气充满，可提高浸出剂中的溶解氧浓度。因此，当其他条件相同时，一般间歇操作的金浸出率高于连续操作的金浸出率。

渗滤槽浸出时可几个渗滤槽同时操作，几个渗滤槽所得浸出液相混合可保证贵液中的金含量较稳定。也可采用循环浸出或逆流浸出的方法，以提高金浸出率及降低氰化物消耗量，获得金含量较高的贵液。氰化浸出终止后应用清水洗涤浸出渣，以便用清水尽量将物料层间所含的贵液顶替出来，获得较高的金浸出率。

(3) 卸渣

氰化尾矿卸出分干法和湿法两种方式，湿法即采用高压水冲渣等水力输送方式将浸出渣送到尾矿库，干法可用人工或机械方式将浸出渣送到尾矿库。

6.2.3 槽浸法提金措施

高的金浸出率可获得高的回收率，增加产业效益，所以提高金浸出率是必须的，其措施有：

① 处理物料为细粒矿石时，应进行分级，否则影响渗透性。

② 干法装料时，尽可能避免加入水分，保持矿砂中较高的空气含量。

③ 当物料中有害杂质含量较高时，可用水、稀酸或碱进行预处理，降低氰化物耗量。

④ 为了增加氧气浓度，可在浸出前使氰化溶液预先充气，或在氰化溶液中加入过氧化物助浸剂，或在矿砂层中鼓入空气，使耗氧物质预先氧化。

6.3 搅拌氰化浸出法

搅拌氰化浸出法是目前最常用的氰化浸出作业方法，适合处理粒度小于 0.3 mm 的细粒含金物料。其原则流程见图 6-9。与渗滤氰化浸出工艺相比，搅拌氰化浸出法具有浸出时间短、机械化程度高、处理能力大和金浸出率高的优点。

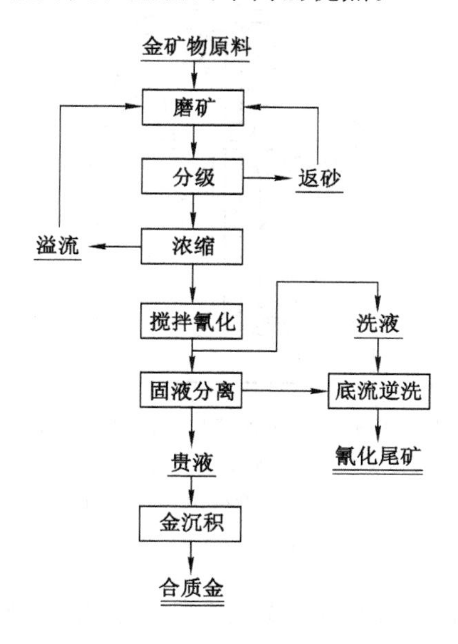

图 6-9 搅拌氰化浸出原则流程

搅拌氰化浸出过程一般包括以下主要作业：磨矿分级、分级溢流浓缩、搅拌氰化浸出及氰化矿浆中金的提取。磨矿分级作业使矿石中的金充分解离（暴露）；分级溢流浓度通常较低（25%左右），因此，搅拌浸出之前，通常经浓缩作业将浓度提高至 40%～50%，以提高作业效率，降低药耗；搅拌浸出作业时在一系列连续的搅拌浸出槽中进行，为实现自流，浸出槽常安装成阶梯式。浸出完成后，可采用活性炭吸附法或锌置换法从贵液中提金。

为提高金的回收率、缩短浸出时间，通常在氰化前用重选法或混汞法回收粗粒金，或者磨矿过程中即可添加氰化物（边磨边浸，即在常规氰化浸出工艺的基础上，从磨矿作业就开始使用氰化溶液浸出），或者通过选矿手段得到金精矿，再进行精矿的氰化浸出。对于微细嵌布的金矿石或含有大量黏土类矿物，浮选指标较低时，可全部磨细后进行全泥氰化。

6.3.1 搅拌氰化浸出设备

搅拌氰化浸出提金时，磨细的含金物料和氰化浸出剂在搅拌槽中不断搅拌和充气的条件下完成金浸出。搅拌浸出的主要设备是搅拌浸出槽。根据搅拌槽的搅拌原理和方法，可分为机械搅拌浸出槽、空气搅拌浸出槽及空气-机械联合搅拌浸出槽三种类型。

（1）机械搅拌浸出槽

目前氰化厂一般采用机械搅拌浸出槽。按搅拌器类型可分为螺旋桨式、叶轮式和涡轮式三种，广泛使用的是螺旋桨式。

以螺旋桨式为例(图 6-10),当螺旋桨快速旋转时,槽内矿浆经各支管进入中央矿浆接受管,从而形成漩涡,空气被卷入漩涡中,提高了矿浆中的含氧量。同时,螺旋桨的旋转作用将接受管中的矿浆推向槽底,再从槽底返回沿槽壁上升,再次经支管进入中央矿浆接受管而实现矿浆的多次循环。生产实践中,有时槽内插入压缩空气管或于槽内壁安装空气提升器,以提高矿浆中的氧含量和搅拌能力。

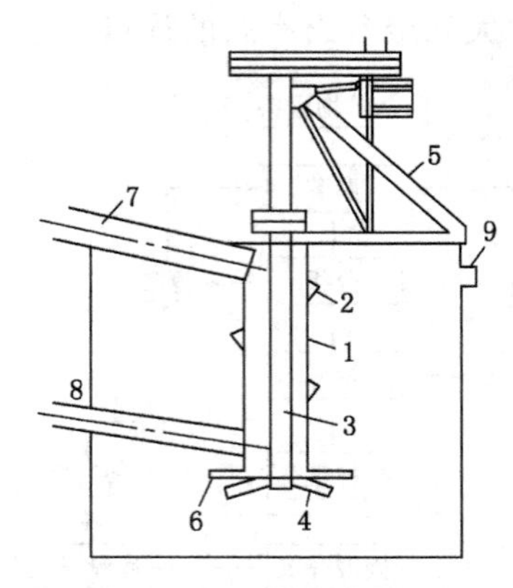

图 6-10　螺旋桨式机械搅拌浸出槽结构示意图

1——矿浆接受管;2——支管;3——竖轴;4——螺旋桨;
5——支架;6——盖板;7——流槽;8——进料管;9——排料管

(2) 空气搅拌浸出槽

它是靠压缩空气的气动作用来搅拌矿浆(图 6-11)。浸出槽上部为高大的柱体,底部为60°的圆锥体。矿浆经进料管进入槽内,压缩空气管直通中心管下部,压缩空气呈气泡状态在中心管内上升,并从中心管上端溢流出来实现矿浆的循环。该类设备结构简单,设备本身无运动部件,便于维护,但必须与空气压缩机配合使用。

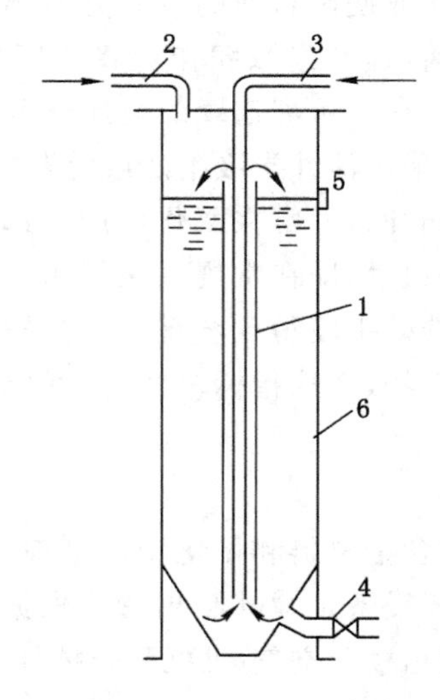

图 6-11　空气搅拌浸出槽结构示意图

1——中心管;2——进料管;3——压缩空气管;
4——下排料管;5——上排料管;6——槽体

(3) 空气-机械联合搅拌浸出槽

空气-机械联合搅拌浸出槽是一种在槽中央安装有空气提升器和机械耙的浸出槽(图 6-12)。矿浆由槽上部给入后,分层向槽底沉降,沉降于槽底的浓矿浆借助耙的旋转(1～4 r/min)作用,在空气提升管口聚集,并在压缩空气的作用下,沿空气提升管上升,并由上部溢流进入带孔洞的两个溜槽内,再从溜槽孔洞流回槽内。由于溜槽随竖轴一起旋转,故矿浆能均匀洒布在槽内。其容积大,槽底无沉积,能耗小,国外应用较多。

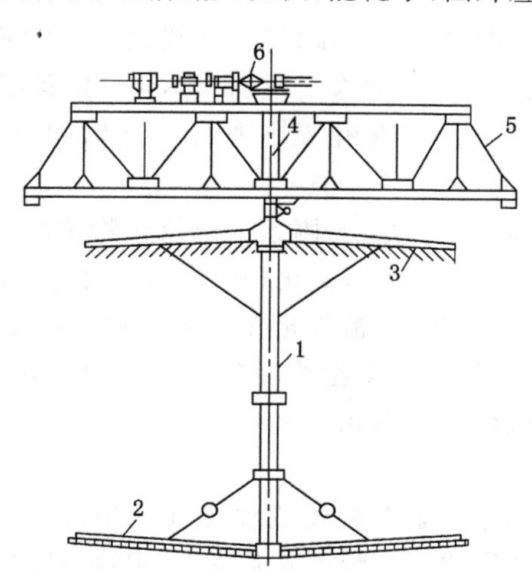

图 6-12 空气-机械联合搅拌浸出槽

1——空气提升管;2——耙;3——流槽;
4——竖轴;5——横架;6——传动装置

(4) 高效节能搅拌浸出槽

这种浸出槽是近几年发展起来的新设备,是国内目前氰化厂使用最广泛的浸出槽。

矿浆由上部进料口供入槽内,压缩空气从中部进气管给入,经由中空轴从叶轮下部进入矿浆,借助矿浆的搅拌作用,使空气均匀地分布在浸出槽内。该浸出槽具有搅拌均匀、充气效率高、运转功率小等优点。

(5) 其他浸出设备

目前搅拌氰化浸出设备的发展趋势是将加压、升温等强化措施引入浸出设备中。采用振荡氰化设备和大功率超声波催化等手段,可使金的浸出率提高 2%～3%,并缩短氰化时间。

美国凯米(Kamyr)公司发明了连续逆流塔浸工艺,该工艺的全部浸出和固液分离在一个塔内进行,工程投资和生产费用较低,浸出率高。南非和加拿大的一些选金厂采用高压釜进行氰化浸金,强化了浸出过程。

6.3.2 搅拌氰化浸出的影响因素

(1) 磨矿细度

磨矿的目的是为了使金能够得到充分的解离,为金的氰化浸出创造必要条件,一般控制磨矿细度为－200 目含量 80%～95%左右。

(2) 矿浆浓度

矿浆浓度直接影响金的浸出速度。矿浆浓度高,离子扩散速度慢,且溶解氧含量低,导致金的溶解速度慢;矿浆浓度低,虽然有利于提高金的溶解速度,但矿浆量增大,加大了设备负荷和药剂用量。一般矿泥含量和消耗氰化物的杂质较少时,控制浓度为40%~50%,反之,一般为25%~30%。

(3) 浸出时间

随着浸出时间的延长,金的浸出率逐步提高,而浸出速度随着浸出时间的延长而降低,浸出率逐步趋近于某一极限值,所以,当金的浸出率达到一定程度时,即使增加浸出时间,浸出率也不会明显提高。对于常规搅拌氰化浸出来说,浸出时间为24~48 h。

(4) 氰化物浓度

氰化物浓度是影响金溶解速度的重要因素。当氰化物浓度较低时($<0.05\%$),金的溶解速度随氰化物浓度的增加而直线上升;氰化物浓度较高时($>0.15\%$),金的溶解速度随氰化物浓度的增加而降低。实际生产中,常压充气条件下全泥氰化浸出时,氰化物浓度控制为0.03%~0.05%;浮选金精矿氰化,氰化物浓度略高些,为0.05%~0.08%;银含量高或含有其他耗氰物质时,氰化物浓度可达到0.2%~0.6%。

(5) pH 值

为了防止氰化物的水解,金的氰化浸出需要在碱性条件下进行,常使用石灰作为保护碱,以干粉形式加入球磨机或配成石灰乳加入矿浆中,用量一般为1.4~2.3 kg/t,控制矿浆pH值为9.5~11。

(6) 矿浆充气量

正常情况下,空气中氧在氰化溶液中的溶解度很低,约为7.5~8 mg/L,因此,提高氧在氰化溶液中的浓度可以强化金的溶解。工业上通常采用向氰化矿浆中鼓入压缩空气、添加过氧化物、高压氧化或用纯氧代替空气进行充气等方法,来提高溶解氧的浓度。研究表明,当溶解氧的浓度由8 mg/L提高到20 mg/L时,浸出时间由48 h降低至12~24 h,氰化钠用量减少23%~37%,石灰用量减少35%~54%。采用压缩空气充气时,充气量一般为0.1~0.3 $m^3/(m^2 \cdot min)$。

7 氰化溶液中金的吸附

7.1 活性炭吸附法

7.1.1 概述

20世纪70年代,美国霍姆斯托克金矿首次在工业上实现活性炭吸附法提金。利用活性炭吸附法提金工艺主要有炭柱法(CIC)、炭浆法(CIP)和炭浸法(CIL)。它们工艺过程基本相似,包括以下几个步骤:

(1) 活性炭从氰化溶液或氰化矿浆中吸附金,成为载金炭;

(2) 在一定条件下使载金炭上已吸附的金解吸,使金重新富集于溶液中;

(3) 采用锌置换或电解等方法从解吸的含金贵液中回收金;

(4) 对解吸后的脱金炭进行再生处理,使之恢复活性,返回使用。

7.1.2 活性炭的性能

活性炭是用果壳(椰壳、杏壳、核桃壳)、木材、煤炭(无烟煤、烟煤、褐煤)等含炭物质制备而成的多孔型炭质吸附剂,工业上使用的机械强度高的优质活性炭主要是椰壳和果壳制成。其制备一般包括炭化和活化两个步骤:炭化是在400～500 ℃条件下隔绝空气加热,脱除挥发性物质;活化要在800～900 ℃下和二氧化碳或水蒸气气氛下处理,此时部分炭烧尽,剩余的炭具有致密的微孔结构。

研究工作证明,活性炭的结构与石墨类似,是由微小的晶片所构成,晶片的厚度只有几个碳原子厚,直径为2～10 Å,而且排列很不规则,具有很多侧壁,侧壁上具有分子一般大小的大量开口孔穴。因此活性炭是具有发达的细孔结构和巨大吸附表面积的活性物质,它是$Au(CN)_2^-$良好的吸附剂。

活性炭的微孔结构很复杂,其由直径介于10～100 Å的微孔、直径大于1 000 Å的大孔及直径介于100～1 000 Å的过渡孔所组成。细孔结构是影响活性炭吸附特性的主要因素。细孔的孔径大小及其分布状况决定了能进入活性炭被吸附的分子或离子的尺寸及其分布情况。显然,大的分子或离子可能引起微孔的阻塞,但由于细孔形状的不规则性及可能被吸附的分子或离子本身的不规则的强烈运动,使得较小的分子或离子仍然有机会进入孔径较小的微孔区域而被吸附。

活性炭的表面积是决定其吸附能力的重要指标,通常可用比表面积(m^2/g)来量度。实际上,活性炭的表面积由颗粒的外表面和由细孔构成的内表面两部分所组成,比较起来,由细孔结构构成的内表面积只有极大的比例(大于90%),因而对活性炭的吸附特性更具有决定性的作用。研究测定,活性炭的比表面积很大,一般为500～1 400 m^2/g,某些活性炭的比表面积可以高达 2 500 m^2/g。

在提金生产中,要求使用的粒状活性炭必须具有较高的硬度或耐磨性。根据现实条件和经济条件,国外大多使用由椰壳制造的颗粒状炭,而国内大多使用货源容易、价格较低的杏核炭。应当指出,活性炭的吸附活性与炭的耐磨性往往是相互矛盾的因素,活性好的部分往往耐磨性不高。在实际使用中还可以观察到活性炭本身又可分为轻炭组分和重炭组分两部分。轻炭活性高而不耐磨,因此新采购来的活性炭进入炭浆法回路使用时,轻炭便较快地被磨损而失去其活性。除上述的粉末炭和颗粒炭外,有时还因需要而使用纤维状、板状或编织成布状的特种炭和磁性炭等。

7.1.3 吸附机理

活性炭吸附金的过程是一种离子交换过程,属于可逆交换吸附,解吸过程比吸附速度慢。活性炭在室温下与空气接触时,在表面会形成氧化物,这种氧化物的氧结合很不稳固,当与水接触时,氧呈 OH^- 进入溶液,并使炭表面带上正电荷。OH^- 与炭表面的正电荷中心构成双电层,外层中的 OH^- 与溶液中的 $Au(CN)^{2-}$ 进行交换,使金吸附于活性炭上。

7.1.4 活性炭吸附工艺

活性炭既可用于从澄清的氰化溶液中吸附金,也可用于直接从矿浆中吸附金,按照这一标准,活性炭吸附工艺可被分成以下三类。

(1) 炭柱法(CIC)

炭柱法用于从澄清的氰化溶液中吸附金。该法常用的炭吸附柱结构见图 7-1。

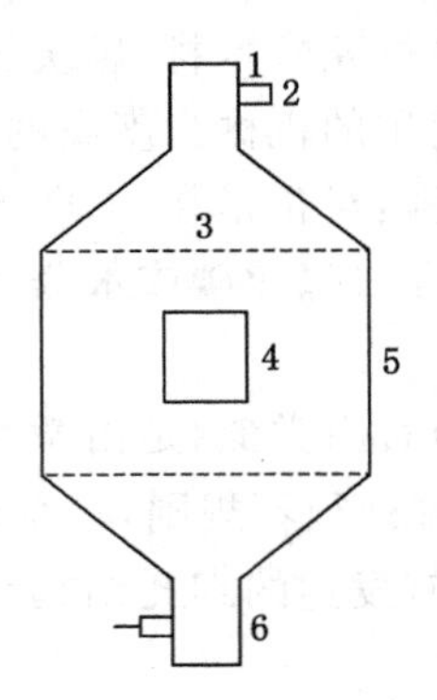

图 7-1 塔式吸附柱构造示意图

1——排料管;2——取样管;3——格板;
4——观察孔;5——筒体;6——进液管

这种吸附柱是堆浸厂常用的形式,一般由 3～5 个串联使用。贵液以一定压力从第一柱底部输入,穿过炭层,从吸附柱的上部排出,接着进入下一个吸附柱的下部,按此方式依次在串联的吸附柱中流动,贫液从最后一个吸附柱上部排出,补加药剂后循环使用。贵液流入的第一个吸附柱将最先饱和,这时,从吸附系统中移开此柱,取出载金炭,再装入新鲜活性炭并将之串联到吸附系统的最后位置(沿流动方向),其他吸附柱的位置依次前移。形成氰化贵液与活性炭的逆向流动,有利于提高炭的载金量和吸附率。

（2）炭浆法（CIP）

该法直接从氰化浸出的矿浆中使用活性炭吸附回收金，不需要制备澄清的氰化贵液，省去了固液分离的作业环节，成本低，已溶金的损失少，回收率高。其缺点是需配置专门的提炭装置和级间筛，对活性炭的粒度、强度要求较严格，否则易产生细粒炭，造成金随细粒炭流失于尾矿。

典型的炭浆吸附工艺流程见图 7-2。

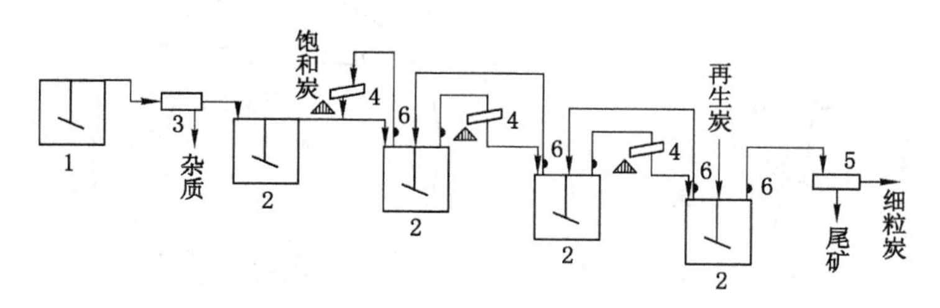

图 7-2 炭吸附工艺流程图

1——浸出槽；2——炭吸附槽；3——初筛（24 目）；
4——级间筛（28 目）；5——细炭回收筛（40 目）；6——空气提升器

氰化溶液经 24 目初筛筛去杂物（加速炭磨损，堵塞级间筛），从第一个吸附槽向后面几个吸附槽自流，活性炭则沿相反方向从最后一个槽向第一个槽运动。活性炭运动时通过空气提升器将槽内一定数量的矿浆提至 28 目的级间筛，活性炭（筛上）向前一槽运动，矿浆（筛下）返回原槽。为补充活性炭，从最后一个槽加入新鲜炭或再生炭。第一个槽获得载金量达到要求的饱和炭，将其送至解吸段回收金，最后一槽排出的矿浆作为尾矿。为了充分回收尾矿中的细粒炭，在进入尾矿库之前，经 40 目细筛回收，细粒炭（筛上物）因吸附有大量金，直接送冶炼回收。

炭浆法的吸附槽结构见图 7-3。矿浆沿进浆管进入吸附槽内，压缩空气由进气管也进入槽内，在叶轮的搅拌作用下，矿浆与活性炭混合，同时空气均匀地弥散在矿浆中。吸附后的矿浆经吸附槽上部的级间筛沿排浆管自流到下一槽，活性炭则被级间筛留在槽内。为防止筛孔被堵，设有喷嘴将气体射向筛网清理。空气提升器的作用是使矿浆和活性炭向前一

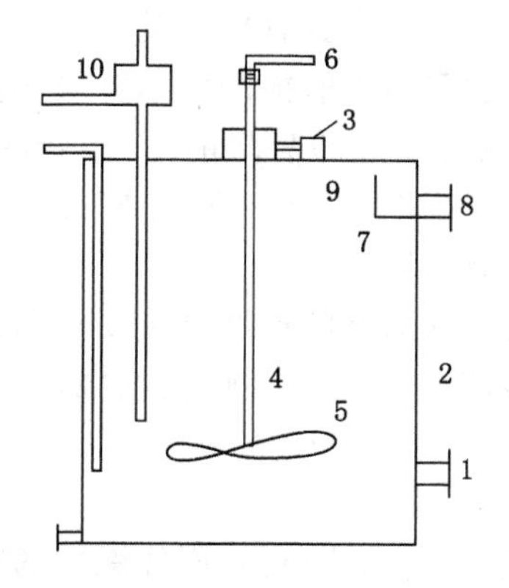

图 7-3 空气-机械搅拌吸附槽结构图

1——进浆管；2——槽体；3——传动装置；4——主轴；5——叶轮；
6——进气管；7——级间筛；8——排浆管；9——喷嘴；10——空气提升器

槽输送，炭在级间筛的作用下留在前一槽，矿浆自流回来，达到逆流串炭的目的。

国内使用最多的级间筛是桥式筛，也称溜槽筛，结构见图 7-4。为了便于更换筛网，桥式筛常做成若干个小筛插入筛座中，以便随时更换。筛网长度按吸附槽通过的矿浆量确定，单位长度筛网通过矿浆量为 6.5 L/(m・s)，清理桥式筛所需的低压风量为 1 m^3/(m・min)。

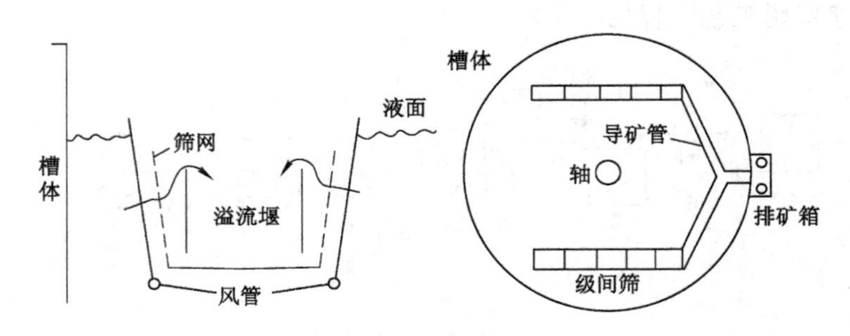

图 7-4　桥式筛示意图

(3) 炭浸法(CIL)

在氰化浸出的同时，进行活性炭吸附金的方法为炭浸法。该法的氰化浸出与炭吸附在同一槽内进行，由于浸出所需要的时间比吸附长，而且适宜的吸附速度只有在矿浆中金的浓度达到一定程度时才会达到，所以通常使用第一槽或前两槽作为单独的浸出槽，其余槽作为浸出吸附槽。

炭浸法的优点是可以节省基建投资和生产费用，边浸边吸附有利于提高金的溶解速度，易溶金矿石的金回收率较高。但对活性炭的质量和操作要求更严格，否则会因磨损产生更多的细粒炭而造成金的流失。

炭浸法对于易浸物料是最理想的处理方法。

7.1.5　影响活性炭吸附的因素

(1) 活性炭的类型

对活性炭有两个方面的要求，一是要具有较强的吸附能力，保证金的有效吸附；二是要具有足够的机械强度，防止吸附过程中因磨损产生细粒炭，造成金流失。

通常采用平衡吸附量来描述活性炭的吸附能力，系指在一定条件下吸附达到平衡(饱和)时，载金炭的含量(g/t)。研究表明，椰壳炭和杏核炭的吸附能力远优于煤质炭和焦质炭。目前，炭浆厂普遍使用的是椰壳炭。

需要注意的是，新鲜活性炭为确保炭的粒度合乎要求和清除炭的棱角(吸附过程中易形成细粒炭)，一般在加水搅拌槽内搅拌 2～4 h，筛去细粒炭后再使用，再生炭也应筛去细粒炭再使用。

(2) 矿浆性质

影响活性炭吸附性能的矿浆性质主要包括：固体颗粒的粒度特性，矿浆的浓度、黏度，矿浆中有机物含量，矿浆 pH 值等。

矿浆中含粗砂或木屑，易造成级间筛堵塞及载金炭吸附量的下降，因此，吸附前须经筛分充分排除。

矿浆浓度高时，虽然有利于提高设备作业效率，但会造成矿浆流动性差，影响活性炭的分布均匀性，而且可使活性炭上浮时间快，吸附时间短，造成吸附效率下降。一般浓度为40%～45%。

黏度过大也会造成矿浆流动性差，易造成级间筛堵塞。

矿浆中的有机物主要是指各种油类、浮选药剂等，它们可以被活性炭吸附，降低金的吸附率，并给炭的活化带来困难。

实践表明，pH>10时，金的吸附量有所降低，生产中一般控制为10～10.5为宜。

(3) 吸附段数和炭密度

吸附段数的确定一般根据所处理的矿浆量，原则是吸附后的贫液最低和总用炭量最少，一般为4～6段。

通常各段的炭密度应成一定的梯度变化，后段宜稍高些，这样既可提高前段炭的载金量，又能保证必要的吸附率。一般炭浆法的炭密度控制在15～20 g/L，炭浸法可控制在5～10 g/L。

(4) 吸附槽结构

常见的吸附槽有轴流式和径流式两种，相对来说，轴流式吸附槽的死区小，炭磨损率低，生产中应用较为普遍。

吸附槽的充气方式分中心充气和周边充气两种，实践证明，中心充气时空气的分散比较均匀且有搅拌作用，生产中多采用轴内中心充气方式。

7.1.6　载金炭的解吸

(1) 解吸原理

金被活性炭吸附后，体系中活性炭表面的金和氰化溶液中的金之间建立了可逆的平衡状态。当向体系中添加CN^-或OH^-时，由于这些阴离子更容易被活性炭吸附，而将被活性炭吸附的$Au(CN)^{2-}$置换出来，金就会被解吸而进入溶液。可以认为，从载金炭上解吸金的实质是尽可能破坏活性炭吸附金的平衡，使该过程向着不利于金的吸附方向进行。

影响解吸的因素主要有：

① 温度与压力。温度越高，金的解吸越彻底，但水的沸点为100 ℃，因而生产中只能控制温度为90～95 ℃。采用加压设备，可以提高解吸温度，当压力提高至0.3 MPa时，温度可达140 ℃，金的解吸速度比常压下提高10倍左右。

② 氰化物浓度。特别在高温下，增加氰化物的浓度，可大大提高金的解吸率，还能阻止已解吸金的还原沉淀。生产中，解吸液中氰化钠浓度控制为5%左右。

③ 碱的浓度。碱的浓度越高，会在更大程度上置换出被吸附的金，但碱的浓度过高，会带来腐蚀和操作困难，解吸液中碱（一般为NaOH）的浓度控制为1%～2%。

④ 添加甲醇或乙醇。甲醇或乙醇更易被活性炭吸附，有利于金的解吸。但添加醇类会增加费用和操作的复杂性，并且降低活性炭的活性，影响再生活性炭的利用。

(2) 解吸工艺方法

按药剂配方和技术条件控制的不同，金的解吸工艺方法分为如下6种：

① 常压碱-氰化物解吸法。该法的解吸药剂为NaOH、NaCN水溶液，其浓度为NaOH 1%～1.5%，NaCN 0.2%～0.3%。解吸温度控制在85～90 ℃，解吸液与载金炭的体积比

为 8～15，解吸时间为 50～72 h。该法设备简单、操作方便、药剂成本低，但解吸速度慢，设备生产率低。

② 常压碱-乙醇（甲醇）-氰化物解吸法。该法的解吸药剂为 NaOH、NaCN 和乙醇（甲醇）的水溶液，浓度分别为 NaOH 1%～2%，NaCN 0.1%，乙醇（甲醇）15%～20%（体积浓度）。解吸温度控制在 80～85 ℃，解吸液与载金炭的体积比为 8 左右，解吸时间为 6～12 h。该法解吸速度快，不需高压设备，缺点是添加醇类会增加费用和操作的复杂性，并且降低活性炭的活性，影响再生活性炭的利用。

③ 高浓度碱-氰化钠溶液预处理-去离子水或软化水洗涤解吸法。采用高浓度碱和氰化钠溶液处理，浓度分别为 1%～5%和 1%～2%，在 90 ℃下浸泡 0.5～1 h，预处理液与载金炭体积比为 1，然后将预处理液放出，再用 100～200 ℃的去离子水或软化水洗涤载金炭，洗涤液数量为 3～5 床炭体积，解吸时间为 3～12 h，洗涤出的贵液与已放出的预处理液合并送后续工艺处理。该法可加压操作也可常压操作。该法的优点是解吸速度快，解吸液用量少，贵液含金浓度高，但预处理液与洗涤液必须合并处理，不能连续操作。

④ 加压碱-氰化物解吸法。该法的解吸药剂为 NaOH、NaCN 水溶液，其浓度为 NaOH 0.5%～1%，NaCN 0.1%～0.2%。解吸温度控制在 130～140 ℃，压力为 0.3～0.4 MPa，解吸液与载金炭的体积比为 8～15，解吸时间与温度和压力有关，温度为 140 ℃时，解吸时间约为 6 h。该法解吸速度快、药剂用量少、设备利用率高，但需加压设备，增加了成本和投资，操作复杂，安全性较差。

⑤ 预先酸洗、碱-氰化物解吸法。该法将载金炭先用盐酸浸泡 1.5 h，预先洗涤除去载金炭表面的碳酸钙和铁，再用 5 倍载金炭体积的清水洗涤脱除酸和杂质，然后用上述方法解吸。该法由于预先除去了钙、铁等离子，可产生较纯的解吸贵液，更彻底地解吸金，同时除去了杂质，可获得活性较高的再生炭；缺点是需对设备进行防腐处理，消耗盐酸，操作复杂。

⑥ 非氰化物解吸法。这方面研究颇多，如 Na_2CO_3＋NaOH 溶液、Na_2S＋NaOH 溶液或 1%NaOH＋20%（体积浓度）乙醇做解吸液。

（3）解吸设备

载金炭的解吸是在解吸柱（塔）中进行的，基本结构如图 7-5 所示。解吸液由下部给入，解吸贵液由上部排出，载金炭由上部装入，下部卸出。

载金炭的解吸常与电积构成闭路循环（见图 7-6）。配置好的解吸液由缓冲储液槽用泵打入热交换器，热交换后进入加热器，加热至要求的温度；然后由底部给入解吸柱，上部排出的解吸贵液经过滤除去粉炭后进入热交换器（粉炭送冶炼），热交换后经冷却（50 ℃左右），进入电积槽；电积贫液排入缓冲储液槽，完成一个解吸电积循环。经一定次数的解吸电积循环，使载金炭的解吸率达到要求后，解吸电积结束。

解吸操作应注意以下几点：

① 解吸柱的长径比不小于 6。

② 保证解吸液成分符合要求，注意检测解吸液中各成分的浓度，并按时补给。

③ 通过试验确定合适的解吸时间和解吸液流量。一般解吸液流量为每小时 2～3 床炭体积。

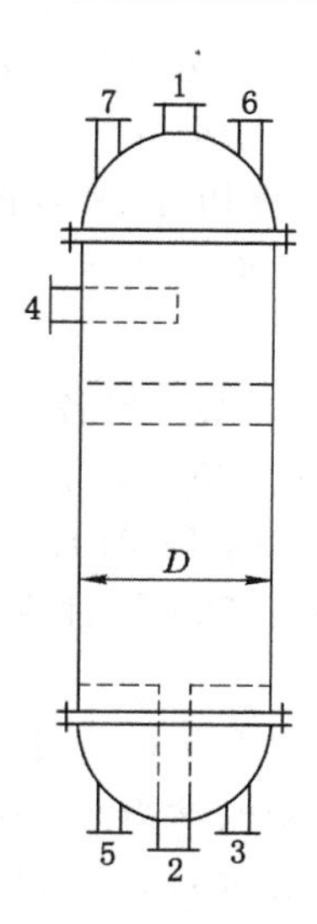

图 7-5 解吸柱构造示意图

1——载金炭入口;2——解吸炭出口;3——解吸液入口;4——解吸液出口;
5——排液口;6——压力指示器接口;7——安全装置接口

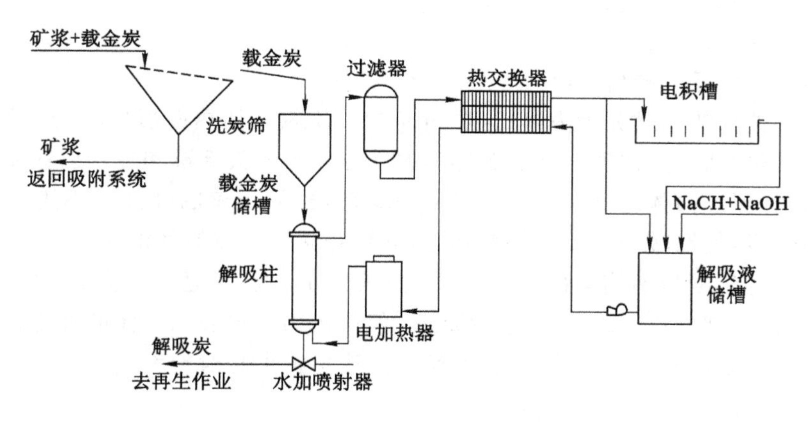

图 7-6 解吸、电积设备联系图

7.1.7 脱金炭的再生

(1) 炭再生原因

活性炭在吸附金的同时,会吸附一些 $CaCO_3$、$MgCO_3$ 等无机物,还会吸附各种机械油、絮凝剂等有机物,而这些物质无法被解吸,导致活性炭微孔的堵塞,使活性炭吸附能力下降,随着活性炭循环使用次数的增加,最终将完全失去活性,因此必须对活性炭进行恢复活性的处理,即炭的再生。再生方法分为酸洗再生和热再生。

(2) 再生方法

① 酸再生

酸再生可采用盐酸或硝酸,一般采用浓度 3%～5%的盐酸,浸泡 2～3 h,并适当搅拌,使吸附的 $CaCO_3$、$MgCO_3$ 和酸发生反应,生成可溶性盐被水冲洗掉,使炭恢复活性。

活性炭酸再生必须每个循环进行一次，至于循环多少次后进行热再生，要根据具体情况确定。一般酸洗3～5个循环后热再生一个循环。

酸再生设备通常采用耐酸不锈钢搅拌槽，或普通碳钢搅拌槽内衬玻璃钢防腐。

酸再生后的活性炭，必须用水反复洗涤至中性，必要时加少量NaOH中和。

② 热再生

热再生即采用加热的方法除掉吸附在炭上的各种有机物，使炭恢复活性。

热再生通常经过以下几个步骤：a. 200 ℃下低温干燥，使易挥发吸附物质挥发；b. 200～500 ℃下使挥发性吸附物挥发和不稳定吸附物分解；c. 500～700 ℃下炭表面沉积物热解离和非挥发性吸附物高温分解；d. 700 ℃和存在过热水蒸气时，高温分解物分别被氧化。

活性炭再生时，必须有足够水蒸气存在使再生设备内保持正压，防止空气进入后在高温下发生炭和氧气的氧化反应，破坏活性炭的结构而失去活性。

当再生温度超过850 ℃时，活性炭本身将被烧失，因此，活性炭再生温度应控制在650～700 ℃。

活性炭热再生之前必须彻底酸洗，使$CaCO_3$、$MgCO_3$等无机物充分脱除，否则$CaCO_3$、$MgCO_3$在高温下分解生成CaO、MgO，在温度急剧上升的条件下，会使微孔被烧损，因此，酸洗越差，微孔的破坏越严重。

(3) 再生设备

国内主要使用的是回转再生窑。

回转再生窑按加热方式分为内热式(炉内反应气体兼作加热介质)和外热式(从外部由电加热或燃料加热)两种。回转筒体的头部和尾部分别插入头部罩和冷却出料器，其结合部分采用端面密封，保证筒体的气密性。加料采用螺旋给料，螺旋的叶片是不连续的，保证螺旋筒内挤满活性炭，使回转筒体不与外界相通，同样是保证筒体的气密性。

回转筒体内的温度是不均匀的，由给料端向筒体中部温度逐渐升高，中部是再生活化区，温度最高。由中部向排料端温度逐渐降低。但筒体内各点炭和气体的温度差别很小。

该设备的缺点是由于采用螺旋给料，活性炭的磨损损失相对较大。

7.2 树脂吸附法

离子交换树脂对金的吸附作用是由甘斯(Gans)首先提出的，但直到1968年树脂法提金才在苏联获得工业应用。我国最早是在1988年安徽东溪金矿成功地将树脂矿浆法应用于生产实践，目前规模较大的是1995年投产的新疆阿希金矿提金厂(750 t/d)。

7.2.1 离子交换树脂及交换反应

工业上应用的离子交换树脂是人工合成的，它类似于塑料的结构，在酸和碱性溶液中都为稳定的固态三维聚合物，其组成中含有在溶液中能离解的离子化基团。离子化基团由与树脂的聚合物骨架(树脂基体)牢固结合的固定离子和与固定离子电荷符号相反的反离子所构成。树脂的反离子就是指与溶液中离子进行交换的离子。按照离子交换树脂中反离子电荷的符号，分为阳离子交换树脂和阴离子交换树脂。如以R表示离子交换树脂中的固定离子，则离子交换反应写为如下反应式：

$$R—H+Na^{+}+Cl^{-}\rightleftharpoons R—Na+HCl$$

上式表明阳离子交换树脂离子化基团组成中的反离子 H^{+} 与溶液中 Na^{+} 进行交换。反应的结果，Na^{+} 从溶液中进到树脂上，而 H^{+} 进入溶液，溶液由中性变成显酸性。

阴离子交换反应形式为：

$$R—OH+Na^{+}+Cl^{-}\rightleftharpoons R—Cl+Na^{+}+OH^{-}$$

溶液由中性变为碱性。

树脂的离子交换能力，与离子化基团（又称活性基团）的离解度有关。例如，离子化基团—SO_3H（磺基）完全离解，可在广泛的 pH 范围内进行离子交换；相反，—COOH（羧基）即使在弱酸介质中的离解度也很低。根据离子化基团的离解度大小，树脂分为强酸性（如—SO_3H、—PO_3H_2）和弱酸性（—COOH）阳离子交换树脂以及强碱性和弱碱性阴离子交换树脂。强碱性阴离子交换树脂含有离解度大的离子化基团季铵碱，它在酸性介质中和在碱性介质中都能进行阴离子交换。弱碱性阴离子交换树脂含有固定离子伯胺—NH_2^{+}、仲胺 $=NH^{+}$、叔胺 $\equiv N^{+}$，它们具有弱碱性，在酸性介质下与酸结合成相应的活性基团：—$N^{+}H_3A^{-}$、$=N^{+}H_2A^{-}$、$\equiv N^{+}HA^{-}$。但是，所形成的这些盐在碱性介质中，甚至中性介质中分解，失去所结合的酸而成显碱性的胺，表现出阴离子交换能力。因此，它们只能用于酸性介质。而季铵盐在强碱下不分解，变成季铵碱，它的碱性与氢氧化钠相当。

工业上使用的离子交换树脂，必须满足以下两点基本要求：

(1) 无论是常温还是高温下，不溶于水或酸、碱的水溶液，即需具有不溶性和化学稳定性，保证树脂能多次重复使用。

(2) 具有耐磨损和抗冲击负荷的高机械强度。为此，树脂基体中含有 8%～12%二乙烯苯。二乙烯苯的百分含量称为“交联度”。

树脂为规则球粒，粒度在 0.2～1.2 mm 中选择。

只含一种形式活性基团的离子交换树脂称单功能树脂，含几种形式活性基团的叫多功能树脂，用于吸附金工艺的是多功能阴离子交换树脂。如苏联 AM-26 阴离子交换树脂，是双功能的，引入了季铵碱基团和叔胺基团，基体为氯代甲醇处理过的苯乙烯和对二乙烯苯的共聚物组成，交联度 10%～12%。

新树脂使用前用 3～4 倍于它的体积的 0.5% HCl 或 H_2SO_4 溶液洗涤，以除去树脂合成时的化学产物，将洗涤过程中生成的由树脂细粒和碎片组成的泡沫除去。洗涤最好与筛析（筛孔 0.4 mm）同时进行，以除去细粒树脂。这些细粒加入吸附过程会造成金随尾矿的损失。在吸附过程中，贵金属和杂质（Zn，Cu，N_2，Co 等）的氰化络合阴离子按下列反应被吸附：

$$R—OH+Au(CN)_2^{-}\rightleftharpoons R—Au(CN)_2+OH^{-}$$

$$R—OH+Ag(CN)_2^{-}\rightleftharpoons R—Ag(CN)_2+OH^{-}$$

$$2R—OH+Zn(CN)_4^{2-}\rightleftharpoons R_2—Zn(CN)_4+2OH^{-}$$

$$4R—OH+Fe(CN)_6^{4-}\rightleftharpoons R_4—Fe(CN)_6+4OH^{-}$$

$$R—OH+CN^{-}\rightleftharpoons R—CN+OH^{-}$$

$$R—OH+CNS^{-}\rightleftharpoons R—CNS+OH^{-}$$

由于副反应的进行，部分活性基团被杂质的阴离子所占据，这就降低了树脂吸附金的操作容量。通常,从矿浆溶液中吸附到树脂上的杂质比金高几倍。

已经查明,在离子交换树脂相中,存在有多电荷的银氰络合离子 $Ag(CN)_3^{2-}$ 和 $Ag(CN)_4^{3-}$。这是因为树脂中吸附有大量简单的 CN^-,它们进一步发生络合而成。

如果金、银和杂质金属氰化络合离子共存,则它们在 AM-26 阴离子交换树脂上吸附的次序为:$Au(CN)_2^- > Zn(CN)_4^{2-} > Ni(CN)_4^{2-} > Ag(CN)_3^{2-} > Cu(CN)_4^{3-} > Fe(CN)_6^{4-}$。这次序表明,树脂对 $Au(CN)_2^-$ 的亲和力最大,可把位于其后的其他阴离子取代出来。

7.2.2 吸附流程

图 7-7 为典型的矿石氰化浸出吸附流程,或者吸附浸出流程。它与炭浆法基本类似。

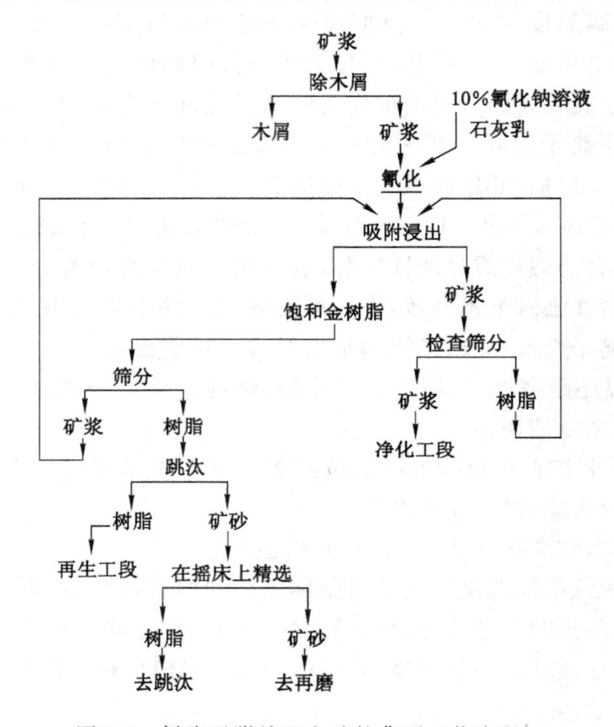

图 7-7 树脂吸附处理金矿的典型工艺流程

磨细的矿石以含固体 40%～50%的矿浆形式进入吸附浸出。先到筛析工序以除去木屑。因为木屑在氰化、吸附过程中,特别是在树脂再生过程中对贵金属的技术经济指标有很坏的影响。在矿石细磨和分级后,浓密前进行筛分除木屑比较合适,因为这时矿浆浓度低,筛析不会发生困难。

与 CIL 法一样,吸附浸出也只用前 2～3 个槽作预氰化。如果氰化在磨矿时就开始,那么可不设预氰化槽,而仅设吸附浸出槽。在吸附浸出系统中,矿浆和树脂也是逆流运动。从最末吸附浸出槽排出的尾矿需经过检查筛分,回收细粒载金树脂,以免造成永久性的金损失。从第一个吸附浸出槽产出的载金树脂在筛上与矿浆分离,同时,用水洗涤。过筛后,树脂给跳汰机,将粒度>0.4 mm 的粗矿砂与树脂分开,因为少量的粗砂在下一步再生树脂时,将造成设备操作困难,并恶化再生过程指标。

吸附浸出槽,苏联曾使用帕丘卡(即空气搅拌槽),并在槽上部装有筛子(见图 7-8)。借助于气升泵和筛子实现矿浆与树脂的逆向流动。槽子容积达 500 m^3。

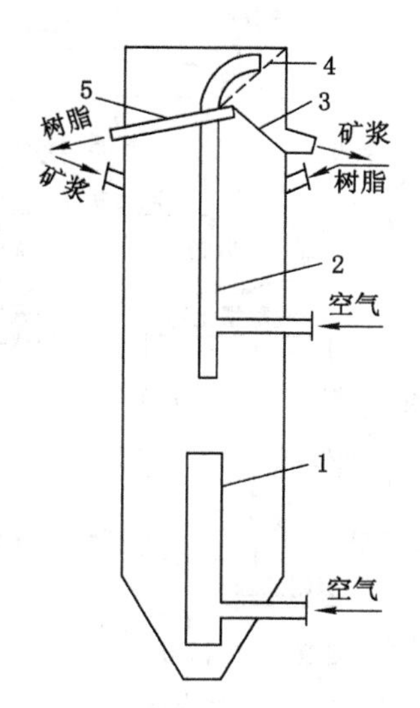

图 7-8　吸附浸出帕丘卡工作原理

1——矿浆气动循环器；2——气升泵；3——矿浆斗；

4——筛子；5——树脂输送管

对于金品位为 3～5 g/t 的矿石，树脂载金 5～20 kg/t，约为原矿的 2 000～4 000 倍。因此，送去再生的树脂数量很少。

吸附浸出过程氰化物浓度为 0.01%～0.02%，这比传统的氰化法低很多(0.03%～0.05%)。这样做的原因是，随着 CN^- 浓度增加，它被树脂吸附也增加，因而降低树脂对金的吸附容量；此外，随 CN^- 浓度增加，转入溶液的杂质种类和数量增加，这同样会导致降低树脂的载金容量。

7.2.3　载金树脂的解吸再生

负载有贵金属和杂质的阴离子交换树脂的再生工艺流程示于图 7-9。树脂再生的基本过程是解吸。因为树脂吸附的选择性差，有大量杂质负载于树脂上，为了获得较纯净的贵液，解吸时必须分步分离杂质。再生的主要工序为：

(1) 洗涤除泥和木屑

载金树脂中含有矿泥，它会与试剂相互作用并污染工艺溶液。木屑也会增加试剂消耗，因此必须在解吸前除去。洗涤的办法是把树脂放到再生柱中，通以新鲜的水流，最好是热水进行逆流洗涤。

(2) 用浓氰化钠溶液洗铜、铁

用 4%～5% NaCN 溶液洗铜、铁的机理是 CN^- 离子取代铜、铁络离子的交换反应：

$$R_2{-}Cu(CN)_3 + 2CN^- \rightleftharpoons 2R{-}CN + Cu(CN)_3^{2-}$$

$$R_4{-}Fe(CN)_6 + 4CN^- \rightleftharpoons 4R{-}CN + Fe(CN)_6^{4-}$$

此时金、银也有部分被洗下，故只在铜、铁积累到严重降低树脂对金的操作容量时才进行氰化处理。

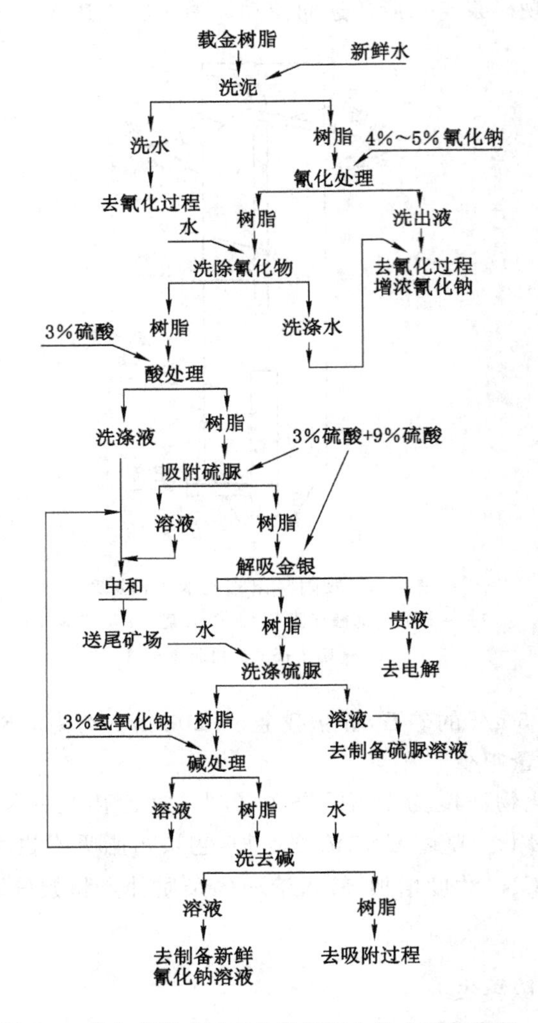

图 7-9　载金的阴离子交换树脂再生的全工艺流程

(3) 水洗氰化物

此工序是机械除去上道工序留在树脂中的氰化物溶液，洗至排出的水中游离氰化钠消失为止。

(4) 酸处理解吸锌、钴和破坏 CN^-

用 20～30 g/L 的 H_2SO_4 作为解吸液，其化学反应如下：

$$R_2—Zn(CN)_4 + H_2SO_4 \rightleftharpoons R_2—SO_4 + Zn^{2+} + 2HCN + 2CN^-$$

$$2R—CN + H_2SO_4 \rightleftharpoons R_2—SO_4 + 2HCN$$

(5) 硫脲解吸金、银

用酸性硫脲溶液作为洗脱液，是最有效的金、银解吸剂。硫脲的解吸作用是它与金、银生成稳定的络阳离子$[AuCS(NH_2)_2]^+$转入水溶液：

$$2R—Au(CN)_2 + 2H_2SO_4 + 2CS(NH_2)_2 = R_2—SO_4 + [AuCS(NH_2)_2]_2SO_4 + 4HCN$$

解吸液组成为 9%硫脲+3%硫酸。解吸金分两道工序：吸附硫脲和解吸金。头一段洗出液不含金，也不含硫脲。从反应式还可知，解吸是通过 SO_4^{2-} 进行交换，故工序中硫脲耗量不大。

(6) 水洗硫脲

解吸金后，在树脂相中和表面上都残留着硫脲。洗除硫脲的目的，一是应回收这部分硫脲，二是这部分硫脲若带回吸附过程，会在树脂相中生成难溶的硫化物而降低树脂的交换速度。

(7) 碱处理

此工序的目的是：除去树脂相中不溶的化合物，如硅酸盐，并使树脂转变成 OH^- 型，以便返回吸附。碱液为3%～4%氢氧化钠溶液。OH^- 与 SO_4^{2-} 交换。

(8) 水洗除碱

用新鲜水洗出以上工序过剩的碱。

8 金的沉积

8.1 锌置换沉积法

8.1.1 锌置换沉积原理

在氰化物溶液中，金属锌的标准电位（−1.26 V）远低于金（−0.54 V），因此，金属锌能够将氰化物溶液中的金置换出来。

锌与金的置换反应是一种电化学过程，当金属锌浸入氰化物溶液中时，在锌的阳极区产生电离作用，锌进入溶液，而在阴极区发生金的还原沉淀。反应如下：

$$2Au(CN)_2^- + Zn = 2Au + Zn(CN)_4^{2-}$$

在置换过程中，大部分的锌与 CN^- 反应而被消耗，反应为：

$$Zn + 4CN^- + 2H_2O = Zn(CN)_4^{2-} + H_2 + 2OH^-$$

$$2Zn + 8CN^- + O_2 + 2H_2O = 2Zn(CN)_4^{2-} + 4OH^-$$

这两个副反应将大量消耗锌和溶液中的 CN^-，按置换金的反应计算，1 g 金仅需 0.19 g 锌，但实际生产中，锌的用量要高出数十倍甚至上百倍（4～20 g）。另外，氰化液中如果有氧气存在，金可能被反溶，为了减少锌的损失及防止金被反溶，加锌沉淀金之前应除去溶液中的氧。

当氰化物和碱浓度不足时，会生成 $Zn(OH)_2$ 和 $Zn(CN)_2$ 沉淀，这些沉淀会在金属锌表面形成薄膜，妨碍金的析出，因而，锌置换时，应保持足够的氰化物和碱浓度。氰化物和碱浓度一般控制在 0.05％～0.08％，如果预先脱氧，浓度可降至 0.02％～0.03％。

铅对金属锌置换沉淀金有促进作用（铅与锌能形成电偶），所以，生产中将醋酸铅或硝酸铅加入含金溶液中。

置换反应的速度也与温度有关，如果温度低于 10 ℃，反应速度将大大降低。

含金溶液中的汞、可溶性硫化物对置换沉淀金都有不良影响。

锌置换从氰化物溶液中沉淀回收金的方法，可分为锌丝置换沉淀法和锌粉置换沉淀法。

8.1.2 锌丝置换沉淀法

该法始于 1888 年，主要设备为锌丝置换沉淀箱（见图 8-1）。

沉淀箱被分成几格（5～10 格），每格中都有带 6～12 目（3.36～1.68 mm）筛网 5 的铁框 6。锌丝 7 装于铁框 6 内的筛网 5 上，其中第一格和最后一格不装锌丝，第一格用于含金溶液的澄清及添加氰化物（提高溶液氰化物浓度），最后一格用于收集被溶液带走的金泥。

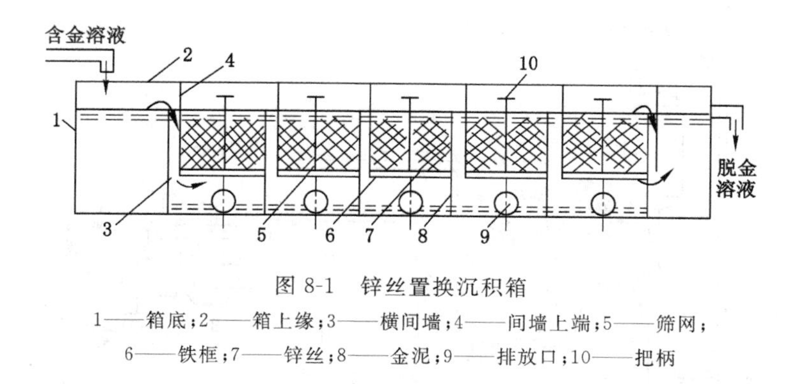

图 8-1 锌丝置换沉积箱

1——箱底;2——箱上缘;3——横间墙;4——间墙上端;5——筛网;
6——铁框;7——锌丝;8——金泥;9——排放口;10——把柄

含金氰化液首先进入不装锌丝的第一格,然后由下而上依次流过装有锌丝的各格,与锌丝接触时间约为17～20 min,能使99%以上的金被置换。一般新鲜锌丝在最后筛网中,反应一段时间后,将其逐格逆流上移,直到进入第一个锌丝的格子中,这样能使含金量低的溶液同置换能力最强的新锌丝接触,有利于提高金的沉淀率。当含金溶液依次向上通过筛网5时,已沉淀出的金泥以疏松的状态沉积于锌丝的下层,大粒金泥沉落到箱底上,小粒金泥受溶液向上流动的作用保持悬浮。箱底的金泥从排放口9放出,通常每月放1～2次,同时用水洗涤置换沉淀箱,取出锌丝和铁框,用圆筒筛过筛,将细小金泥和碎锌丝与大的锌丝分开,大锌丝用于下一批置换,筛下物与排放口排出的金泥合并送去烘干,再进行进一步处理。

锌丝置换沉淀法具有制造容易、操作简单、不消耗动力的优点。但也有下列缺点:① 锌丝消耗量大,每产出1 kg金消耗锌4～20 kg;② NaCN的消耗量大(但对于未脱氧溶液是必需的);③ 金泥含锌高;④ 置换沉淀箱占地面积大。目前锌丝置换沉淀法在生产实践中已逐渐被锌粉置换沉淀法所替代。

8.1.3 锌粉置换沉淀法

锌粉具有更大的表面积,为更完全、更快地沉淀金提供了条件。

采用锌粉置换沉淀时,先将锌粉同含金溶液混合,接着用各种过滤方法(压滤机、板框压滤机、锌粉置换沉淀器等)使金泥与脱金溶液(贫液)分开。

生产中,在含金溶液置换沉淀之前,通常用脱气塔进行脱氧。含金溶液由塔盖上方的进液口进入脱气塔,溶液中所含气体受真空泵吸力作用由排气口排出,排液口与浸没式离心泵相连。塔内的真空度达600～650 mmHg,经脱氧的溶液含氧量为0.6～0.8 mg/L(脱氧优点:加速金沉淀,防止金反溶;降低锌消耗)。

锌粉置换沉淀方式有新旧两种:

(1) 较旧的方式(压滤机法)

压滤机法的工艺特点为通过给料器连续向锥形混合槽给入锌粉。在过滤机中完成置换过程,其工艺及设备见图8-2。除气塔的脱氧溶液部分放至锥形混合槽与锌粉混合成锌浆从槽底排出,与用潜水离心泵抽送的其余除气液合并一起送入压滤机和框式过滤机,在过滤机过滤的同时完成置换过程,产出金泥并分离出贫液。潜水离心泵浸于含金溶液中,以防止吸入空气。

采用压滤机锌粉饼过滤置换含金氰化液,可降低锌的消耗,提高金泥的含金品位。

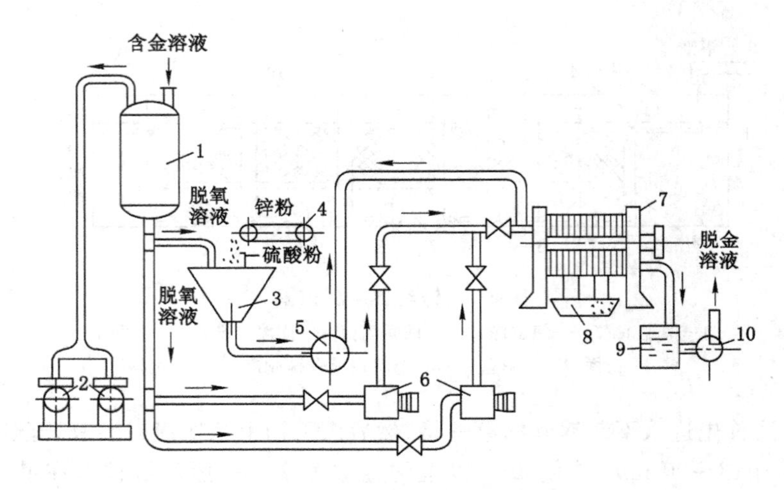

图 8-2　压滤机锌粉置换设备系统

1——除气塔；2——真空泵；3——锥形混合槽；4——给粉器；5，10——离心泵
6——潜水离心泵；7——压滤机；8——金泥槽；9——贫液槽

(2) 较新的方式(置换槽法)

置换槽法采用锌粉置换沉淀器进行沉淀和过滤。将锌粉和含金脱氧溶液给入混合槽，锌浆通过槽底部的管道自流入锌粉置换沉淀器进行沉淀和过滤。过滤时，在真空泵吸力的作用下金泥沉积于滤布上，脱金溶液透过滤布由支管和总管排出。实践证明，沉淀金主要发生在过滤的时候，而不是混合的时候。由于金泥的卸出是间歇的，所以，在连续进行置换沉淀时，需要 2～3 个替换用的锌粉置换沉淀器。其工艺及设备见图 8-3。

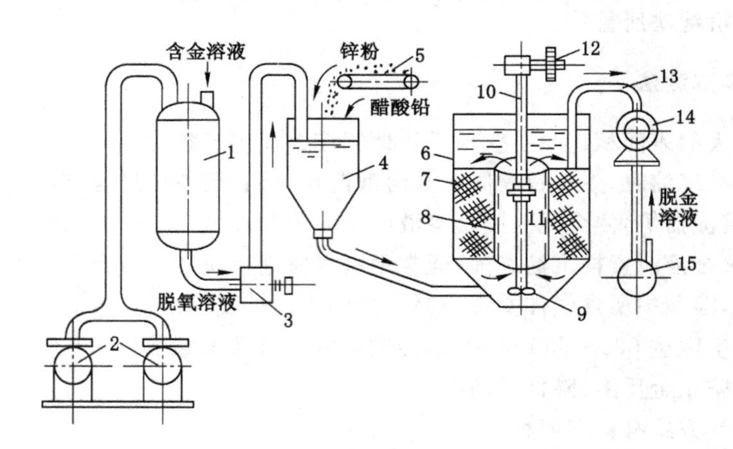

图 8-3　置换槽锌粉置换设备系统

1——除气塔；2——真空泵；3——潜水离心泵。4——混合槽；5——给粉器；
6——置换沉积槽；7——布袋过滤片；8——中心管；9——螺旋桨；10——中心轴；
11——小叶轮；12——传动机构；13——支管；14——总管和真空泵；15——离心泵

通常在混合槽上方装有滴液管，用来将硝酸铅或醋酸铅加入槽内，改善锌粉沉淀能力。装入槽内的铅盐数量为锌粉质量的 10%。

采用锌粉法时，含金溶液氰化物浓度和碱度要低于锌丝法。

脱金溶液每小时用比色法测定一次，一旦发现置换沉淀不完全，则返回重新处理。

锌粉置换沉淀法的优点如下：

① 锌粉价格比锌丝便宜；

② 锌粉消耗低，处理 1 m^3 含金溶液，锌粉消耗 15～50 g，锌丝消耗 75～200 g；

③ 金的沉淀更完全；

④ 金泥含锌量低，使金泥处理方法简单，处理费用少；

⑤ 作业能实行机械化和自动化。

8.1.4 含金溶液的分离工艺与设备

需要注意的是，如果采用锌置换法沉淀金，氰化后矿浆必须进行浓缩和过滤洗涤，获得澄清的含金氰化溶液后才能采用锌置换法，而且含金溶液洗涤的完全与否，是影响金回收率的重要因素。

为了使浸出的金能够得到充分的回收，在固液分离过程中要对浸渣进行多次洗涤，在作业过程中，分离和洗涤同时完成。通常采用的洗涤方法主要有浓密洗涤、过滤洗涤、浓密-过滤联合洗涤。

(1) 浓密洗涤和浓密机

浓密洗涤是利用浓密机的浓缩作用进行固液分离的一种洗涤方法。将浸出的矿浆或待洗涤的矿浆给入浓密机的同时用水稀释洗涤，矿浆中的固体颗粒在浓密机中自然沉降，浓缩后的矿浆作为底流排出，含金溶液从溢流管排出。

氰化提金厂用于洗涤的浓密机有单层浓密机、多层浓密机和新型高效浓密机。

单层浓密机由于占地面积大，洗涤作业时要用泵多次扬送，所以使用较少。

多层浓密机相当于 2～4 m 单层浓密机重叠安装在一起，结构紧凑、占地面积小、动力消耗少。但只有最下层排矿浓度可以人为调节，其余各层浓度较难控制，因此要求生产稳定、给料均匀。

多层浓密机的技术规格见表 8-1。

表 8-1　　多层浓密机的技术规格

型号	内径 /m	深度 /m	沉淀面积 /m^2	耙架转速 /(t/min)	传动电机			生产能力 /(t/d)
					型号	功率 /kW	转速 /(r/min)	
ϕ7.5 m 双层	7.5	1.8×2	44×2	0.190	Y112M-6	3.0	960	15～40
ϕ9.0 m 双层	9.0	2.0×2	63.5×2	0.286	Y132M-6	4.0	960	≤50
ϕ7.0 m 三层	7.0	2.4×3	38.5×3	0.246	Y112M-6	2.2	940	15～50
ϕ9.0 m 三层	9.0	2.0×3	63.5×2	0.286	Y132M-6	4.0	960	≤88
ϕ11.0 m 三层	11.0	2.3×3	96.0×3	0.154	Y160M-6	7.3	960	≤130
ϕ12.0 m 三层	12.0	2.4×3	113.0×3	0.200	Y160M_2-6	5.5	720	≤160
ϕ15.0 m 三层	15.0	2.6×3	176.0×3	0.150	Y160M_2-6	5.5	720	≤250
ϕ7.0 m 四层	7.0	2.4×4	38.5×4	0.248	Y112M-6	2.2	940	50～250

高效浓密机的特点是：矿浆在进入浓密机前脱气，脱气后的矿浆加入絮凝剂，由中心竖筒给入，在出口沿水平方向向四周扩散，避免冲击沉淀层。絮凝的大颗粒向下沉淀，液体则穿过沉淀层上升，沉淀层此时也起到过滤作用，使细粒无法随液体上升，达到固液分离的目的。该设备单位面积的处理能力比普通浓密机高出 2～5 倍。其剖面示意如图 8-4 所示。

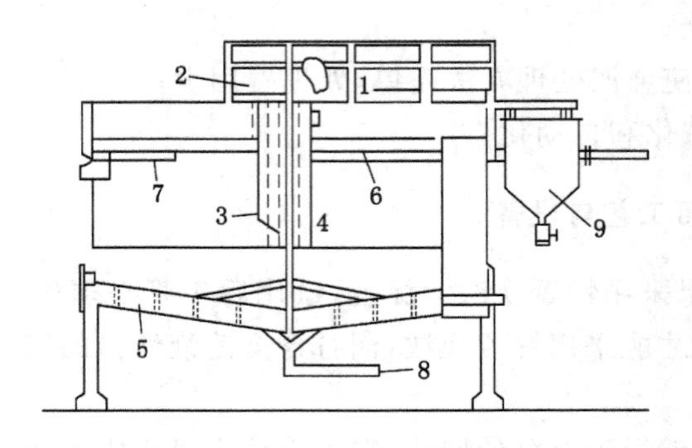

图 8-4　高效浓密机剖面示意图

1——臂传动装置；2——混合器传动装置；3——絮凝剂加入管；4——混合器；
5——耙臂；6——装料管；7——溢流漏槽；8——沉砂排出管；9——脱气系统

高效浓密机的有关技术参数见表 8-2。

表 8-2　　高效浓密机的有关技术参数

型　号	GN3.6	GN5.18	GN12	GN9
浓密池内径 D/mm	3 600	5 180	12 000	9 000
浓密池深度 H/mm	1 730	2 380	3 600	3 000
沉降面积/m²	10	21	112	63.7
处理量/(t/d)	80～100	450	1 000	
耙子提升高度/mm	200	300	400	
耙子转速/(r/min)	1.1	0.8		0.26
主电机功率/kW	0.8	1.5	7.5	3.0
设备质量/t	5.7	10.45	16.9	6.2

目前工业上应用的主要浓密洗涤方法为逆流浓密洗涤（逆流倾析洗涤法），一般多采用多级逆流连续洗涤流程。浸出的矿浆和洗液相向运动，作业在串联的几台单层浓缩机或多层浓缩机中逐个进行，浓缩机溢流依次返回前一浓缩机洗涤，第一个浓缩机溢流作为贵液。逆流浓密洗涤基本流程见图 8-5。

（2）过滤洗涤和过滤机

过滤洗涤时采用过滤机从氰化矿浆中分离出含金溶液，其分离方式分为间歇式和连续式。

间歇式采用框式真空过滤机和压滤机，生产能力低，占地面积大，使用较少。

连续式过滤洗涤采用圆筒真空过滤机和圆盘真空过滤机对氰化矿浆进行过滤，滤饼经洗涤成为氰化尾矿。一般采用两段过滤洗涤，一段过滤后，将滤饼用 NaCN 溶液或水调至

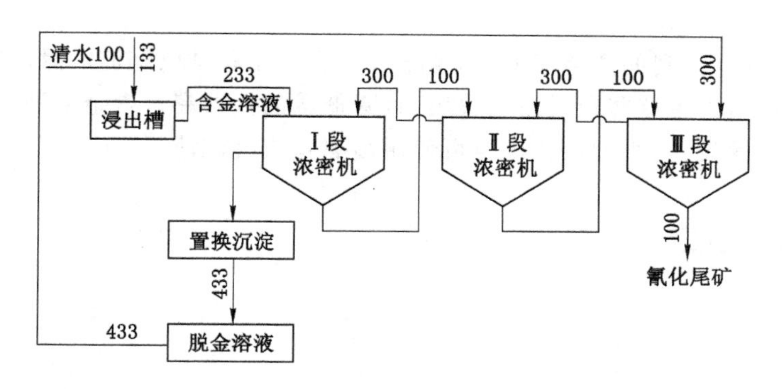

图 8-5 多级逆流浓密洗涤流程图

浓度为 50%的矿浆,再进行二段过滤洗涤。常见的过滤洗涤流程见图 8-6。

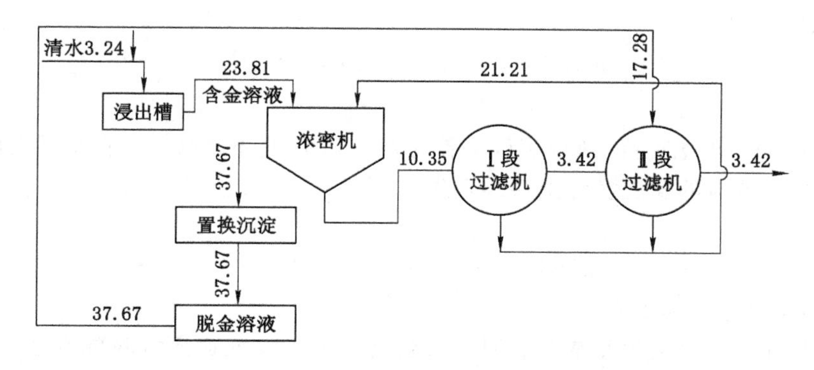

图 8-6 过滤洗涤工艺流程

过滤洗涤洗水量少,各级洗涤水可用贫液,有利于提高贵液中金的品位,也有利于金的沉淀回收和含氰废水的处理,过滤后的滤饼含水量少,有利于氰化尾矿的运输和管理;但过滤机结构复杂,动力消耗大,生产费用较高。

(3) 浓密-过滤联合洗涤流程

联合洗涤流程集中了浓密洗涤和过滤洗涤的优点,有利于提高洗涤效率,最常见的联合流程是前面几段采用逆流浓密洗涤流程,最后一段采用过滤机洗涤。滤液既可作为洗水,返回前一级洗涤作业,也可返回浸出系统作为调浆水,最大限度回收已溶金,所以联合流程是目前广泛使用的洗涤流程。其原则流程见图 8-7。

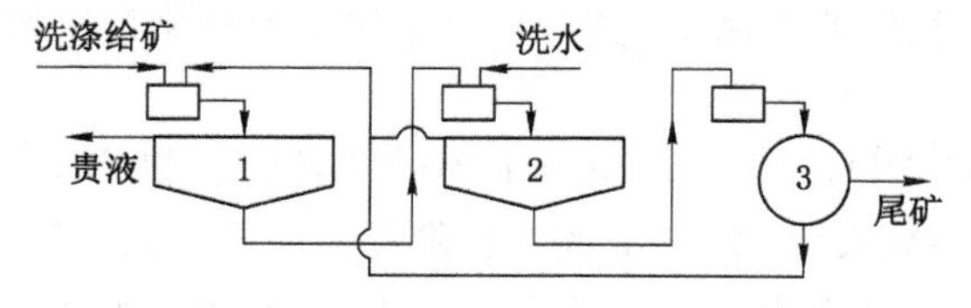

图 8-7 三级联合洗涤流程

1——第一级逆流洗涤浓密机;2——第二级逆流洗涤浓密机;
3——第三级洗涤过滤机

(4) 含金溶液的澄清

氰化矿浆经洗涤得到的含金溶液中,常含有少量矿泥和难以沉淀的悬浮物,应澄清后再进行锌置换回收金,以免这些杂质污染锌表面,降低金的置换率。含金溶液的澄清多采用框式过滤机、压滤机等设备,小型氰化厂也可使用沙滤箱或沉淀池。

8.2 电解沉积法

8.2.1 电积原理

(1) 电积反应

在电积过程中,贵液中的$Au(CN)_2^-$在电极作用下被还原,金属金沉积在阴极上成为产品,同时在阴极还有氢气产生。在阳极和主体溶液中则有氧、二氧化碳和氨等气体产生。

阴极反应:

$$Au(CN)_2^- + e \longrightarrow Au\downarrow + 2CN^-$$

$$2H^+ + 2e \longrightarrow H_2\uparrow$$

由于Au^+的放电电位高,所以阴极上首先发生Au^+的还原反应。在金银电解沉积的条件下,H^+在阴极放电的反应实际上很难发生。

阳极反应:

$$2OH^- \longrightarrow H_2O + 1/2O_2\uparrow + 2e$$

(2) 电积条件及作业指标

电积作业分为加温电积和常温电积。加温电积常与加温加压解吸配套使用,常温电积多与常规扎德拉解吸工艺相配套。加温电积温度为60~90 ℃,槽电压为1.5~3.0 V,电流密度一般为10~30 A/m²,电积循环时间为14~20 h。常温电积温度为20~45 ℃,槽电压为3.0~3.5 V,电流密度为10~15 A/m²,电积循环时间为8~12 h。贵液在电积槽内的滞留时间由试验确定,一般为0.5~1.0 h。国内炭浆厂多使用常温电积。

电积贵液金品位一般为300~600 mg/L,贫液金品位可降至1.0 mg/L以下。电积金泥含金量一般在30%~40%。电积作业金回收率可达99.5%以上。

8.2.2 影响电积的因素

电解沉积是电能转化为化学能的过程,在生产中,使溶液中的金银有效地在阴极上析出,提高金属沉积回收率,减少金银损失,同时提高电流效率,降低电能消耗,是电积工作人员的重要职责。影响电积作业的因素比较多,与操作和管理关系密切的主要有以下几个:

(1) 电积贵液

含金贵液是$NaAu(CN)_2$、NaCN、NaOH等的水溶液。随着电解沉积的进行,溶液中金、银含量逐渐降低。一般来说,电流效率随电积贵液中金、银浓度的减少而降低。为提高电流效率,可采用2~3个电积槽串联的形式。另外,当贵液中的金、银络离子浓度降低到一定程度后,溶液中的金、银络离子不能及时补充到阴极,使阴极附近的金、银离子浓度显著小于主体溶液中的浓度,阴极的电极电位因此而显著变负,产生浓差极化现象。浓差极化现象的产生将导致一些较负电性的杂质离子在阴极上沉积,降低阴极金泥的质量。为减小浓差极化，生产中通常采用加强电积溶液循环速度或适当提高溶液温度等办法，以提高金、银络离子的扩散速度，减小浓差。

电积溶液中含有一定量的 NaOH，它的作用是改善电积贵液的导电性，保持溶液的碱度。如果碱度低，贵液中的氰化物会水解，产生氰化氢气体，污染环境，降低溶液中氰化钠的浓度，相应地降低氰化物对金、银的络合能力，在电积溶液中产生不良反应。此外，由于电积作业多与解吸作业构成闭路循环，溶液中氰化物浓度降低会直接影响解吸效率，降低金、银回收率。

贵液中含有一定量的杂质，如铜、锌等，在贵液中以 $Zn(CN)_4^{2-}$、$Cu(CN)_4^{2-}$ 形式存在。就电极电位而论，$Zn(CN)_4^{2-}$ 一般不会在阴极还原，而 $Cu(CN)_4^{2-}$ 则有可能还原成金属铜，这要视这些离子的浓度而定。在电积末期，溶液中的锌、铜离子浓度有可能比金、银高出很多，因而就可能会在阴极上析出。

此外，工艺流程中如有混汞作业，汞会与金一起进入整个金回收系统。某些金精矿含有少量杂质汞，也会进入金回收系统。金在阴极沉积之前，电积贵液中的汞会定量沉积，降低电积金泥的质量，也会给熔炼作业带来麻烦。

(2) 槽电压

槽电压是电积槽内阴、阳极之间的电位差，可用电压表直接测量，也可由下式计算：

$$E_{槽}=\frac{V_1-V_2}{N}$$

式中 V_1——电积槽的总电压，V；

V_2——导电母线上的电压降，V；

N——串联电积槽的个数。

槽电压包括理论分解电压、电积过程的超电压、电积贵液的电压降、金属导体的电压降以及接触点的电压降等，可表示为：

$$E_{槽}=E_{分解}+\sum IR$$

式中 $E_{分解}$——理论分解电压；

$\sum IR$—— 其余各项的分压和。

理论分解电压是施加于电积槽外部的，能产生电积作用的最小电源电压，它由阴极产物决定，对金电解沉积过程来说是一个定值。

任何一个电极反应，在一定的溶液浓度下都有一定的离子析出电位，但是，离子在电极上析出的实际电位要超过平衡电极电位。这个电位差值表明电积过程存在着一种与浓差极化不同的阻力。这种阻力是电极反应在电极表面进行时所遇到的，所以称为电化学极化。由此而产生的超电压称为电化学极化超电压，简称为超电压。超电压与温度、电流密度、溶液组成、电极材料等许多因素有关。生产中必须使氢的析出具有较高的超电压，尽可能减少其在阴极上析出的可能性，以保证金、银析出时有较高的电流效率。另外，选择合适的电极材料、控制适宜的电流密度也是非常重要的。

电积贵液的电压降与溶液的比电阻、相邻阴阳极的极间距以及极板上的电流密度有关：

$$E_R=DrL$$

式中 E_R——电积贵液的电压降，V；

D——极板上的电流密度，A/cm^2；

r——电积贵液的比电阻，$\Omega \cdot cm$；

L——相邻阴阳极之间的距离，cm。

要降低 E_R，除控制极板上的电流密度外，还要想办法减小电积贵液的比电阻，并在不发生极间短路的原则下尽量缩短极间距离。

金属导体电压降和接触点电压降一般都很小，约 0.1 V。但接触点表面因腐蚀和污染会造成接触不良，因而大大增加接触点的电压降，故须及时检查处理。

(3) 电解温度

电积贵液的电阻随其温度升高而降低。温度升高，贵液中的各种离子运动速度增大。所以在较高温度下进行电积，能够降低槽电压并减小浓差极化现象。但如果温度过高，贵液中的氰化氢蒸发量增大，既造成药剂消耗增大，又污染环境，并对电积作业产生不良影响。一般电积作业在常压下进行时，温度控制在 60～90 ℃，若电积作业在压力条件下进行，温度可控制得高一些。

(4) 电流密度

电流密度是阴极或阳极单位有效面积上通过的电流强度。电流密度用下面公式表示：

$$D_0 = I/F$$

式中 D_0——阴极电流密度，A/cm^2；

I——电流强度，A；

F——每个电积槽内的阴极总面积，cm^2。

根据法拉第(Faraday)定律，在电积过程中，阴极金属产量与通过的电流成正比。提高电流密度就能相应地提高金属沉积产量，缩短电积时间。另一方面，由于电流密度提高，使阴极附近电积溶液的含金量贫化加剧，若金、银离子得不到及时补充，浓差极化程度就会增加，可能会电解产生氢。氢气阻碍银在阴极上黏附，使银呈海绵体脱落并堆积在槽底，情况严重时会造成阴、阳极短路。生产中，电流密度应根据电积贵液中金、银的含量而变化。例如，在解吸与电积构成闭路的流程中，电积初期，贵液含金品位较高，阴极电流密度应适当提高，到电积末期，贵液含金品位降低，阴极电流密度也要适当降低。有些炭浆厂，冬季电流密度控制得较低，而夏季则控制得较高，这是根据贵液含金量和温度来变化的。

(5) 电积时间

图 8-8 是电积过程中溶液含金量与电积时间的关系。图中曲线表明，在一定条件下溶液含金量与电积时间近似成直线关系。电流密度越大，直线斜率越大；电积时间越长，溶液中的含金量越低。因此，增加电积时间，能够提高金、银回收率。但时间过长，电流效率会降低，电耗增大。一般情况下，电积贫液都返回解吸系统循环使用，而排出电积系统的贫液则返回吸附系统，因此电积贫液中的金、银直接损失很少，可以根据经济指标核算适当缩短电积时间。

(6) 阴极材料

钢毛作为电解槽的阴极材料虽然是成功的，但也存在缺点，进口钢毛质量好，但价格昂贵，国产钢毛价格低，但质量差，钢毛耗量大，同时碎钢毛加大了金泥处理的难度。

目前碳纤维电积法逐渐得到广泛的应用，其具有以下优点：载金容量大(载金容量可达自重的 5 倍)；电解沉积率高(处理量是钢毛的 2～3 倍，沉积率达到 99%以上)；操作方便，成本低(使用寿命长，一个月进行一次反电解即可，清洗处理简单)。

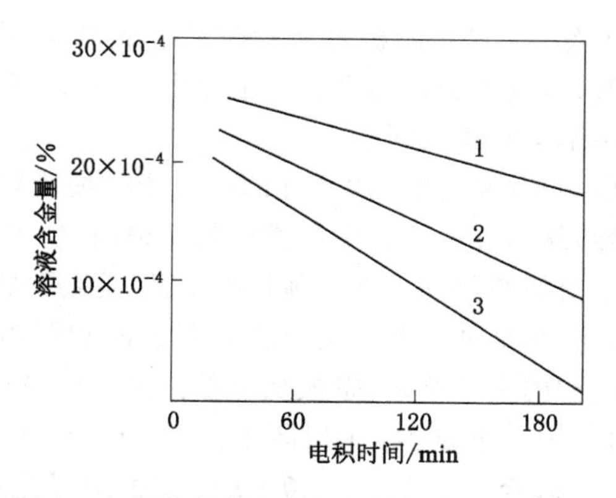

图 8-8 电积过程中溶液含金量与电积时间的关系

阴极电流密度：1——20 A/m^2；2——45 A/m^2；3——70 A/m^2

8.2.3 电积槽

目前，工业电解沉积采用的电积槽从结构上可分为矩形和圆柱形两类。圆柱形电积槽与矩形电积槽相比，具有贵液流动均匀，不容易形成短路，电积效率高等优点。矩形电积槽中贵液多沿槽边流动，容易形成溶液短路，另外槽底易堆积沉积产物，容易造成电路短路。但矩形槽具有检修方便，载金阴极可以串动，有利于对各阴极沉积情况进行平衡等优点。

从形式上分，目前使用的电积槽主要有四种：扎德拉（Zadra）电积槽、平行板电积槽、AARL 电积槽和 NIM 石墨屑电积槽，它们的结构示意见图 8-9。

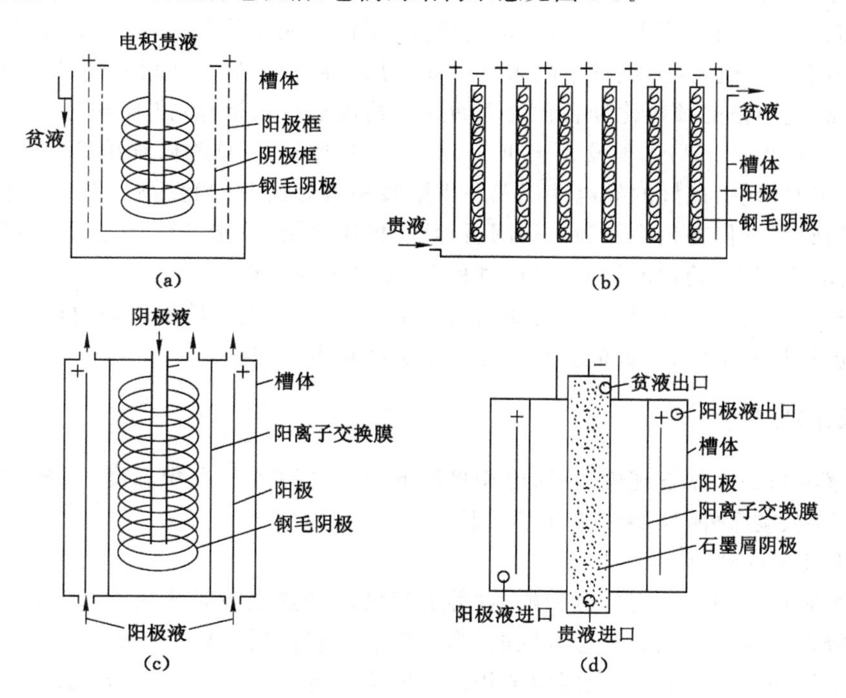

图 8-9 电积槽的形式

(a) Zadra 电积槽；(b) 平行板电积槽；(c) AARL 电积槽；(d) NIMB 石屑电积槽

Zadra电积槽有圆形和矩形两种,阴极框是用带孔的塑料板制作的,没有离子隔膜,成本较低;缺点是电流效率低,贫液含金量稍高。在工业生产中,由于采用解吸-电积闭路循环流程,因此对金的总回收率不会有很大影响。

AARL电积槽采用同心圆结构,用半渗透性的阳离子交换膜将阴极液(电积贵液)与阳极液(24%的氢氧化钠溶液)隔离开。这种电积槽回收率很高;缺点是结构复杂,电解液温度太高时槽体容易变形,离子交换膜是固定在槽体框架上的,容易因槽体变形而断裂。

NIM电积槽也使用半渗透性的阳离子交换膜将阴极液和阳极液分开。阴极材料采用石墨屑,石墨屑阴极液从电积槽底部给入,贫液从上部排出。同AARL电积槽相比较,NIM电积槽具有更高的电积回收率。据试验,在相同条件下,AARL电积槽能使电积溶液含金量从$500\times10^{-6}\sim600\times10^{-6}$降至$10\times10^{-6}\sim20\times10^{-6}$,而NIM电积槽则能降至$5\times10^{-6}$以下。

电积槽的槽体材料最初采用聚乙烯,这种材料在较高温度下容易变形。后来采用玻璃钢或聚丙烯制作电积槽的槽体和阴极框。聚丙烯塑料在90 ℃温度下仍保持足够的机械强度,变形较小。尽管如此,为进一步增加强度,减小变形,制作电积槽时须配金属骨架。值得注意的是电积槽的进液口和出液口,由于应力集中且经常受热胀冷缩作用,接口极易开裂,造成贵液泄漏。为解决这个问题,可将进液管、出液管与槽体进行弹性连接。有的炭浆厂使进液管从槽体上部进入槽内,不与槽体直接对接,效果更好。

阳极一般用不锈钢板制作,也有用石墨的。用不锈钢板时,板厚1.5~2.0 mm,板面均布ϕ5 mm的孔,呈筛板状,以保证电积液能均匀通过。

阴极材料目前多采用钢毛,它比表面积大,电流密度小,容量大,易于洗脱电积金泥,价格便宜。但钢毛一般只能用2~3次,消耗量大,获得金泥品位较低,同时夹杂大量碎钢毛,同时消耗药剂多。近几年,碳纤维越来越多地被用于阴极材料。碳纤维是用聚丙烯腈短纤维为原料,经过严格的预氧化和碳化处理而成。其技术性能指标:拉伸强度大于3 kg/cm^2,密度为0.1~0.2 g/cm^3,含碳量大于86%,灰分小于1.5%。这种碳纤维具有巨大的比表面积、高度的表面活性、良好的导电性以及在水溶液中极好的化学稳定性,是一种良好的电极材料。采用碳纤维代替钢毛作为电积阴极,具有操作简便、性能可靠、阴极载金容量大、使用寿命长、金电积率高、药剂消耗低、操作过程少、损失小等优点。

阴极框一般用聚丙烯制造,框的侧面均布小孔,以保证电积液能均匀通过。为便于装填和取出阴极材料和金泥,阴极框应至少有一个侧面是可拆卸的。

8.2.4 操作管理

在电解沉积的操作管理中,除对电积贵液的成分、槽电压、电积温度、流量、电流密度等进行定时测定、调整外,还要注意做好以下工作。

(1) 阴极的移动

国内炭浆厂多使用平行板电积槽,这种电积槽的特点之一是阴极含金量由进液端向出液端逐渐降低。阴极的载金量是有限的,当达到容量极限时,就会降低电积效果。另外,阴极上充满了沉积的金泥后,也会阻碍电积溶液的均匀通过。因此,阴极上沉积金泥达到一定程度后,要及时取出,并补充新的阴极,以保证电积作业继续正常进行。

一般地,每千克钢毛阴极可载7 kg金。生产中可计算或根据经验确定提取阴极的时间和提取数量。提取的程序为先从进液端提出若干个旧阴极，然后将剩余阴极逐级往前串动，最后在排液端补充相同数量的新阴极。提取旧阴极时，除考虑载金量外，还要看钢毛的状况。有些情况下，钢毛因腐蚀和其他原因会溶解，可视具体情况补充或更换新钢毛。

（2）清理槽底沉积物

在电积槽的底部，往往沉积着许多脱落的金泥，这是由于阴极负载量过大或金在阴极上沉积不牢脱落的。当沉积物太多时，可能会在槽底将阴极和阳极连接起来，造成极间短路。因此要经常检查槽底沉积物的情况，沉积物太多时要及时清理。此外，要保证电积槽前的过滤器正常工作，防止载金炭中的矿泥和粉炭随贵液进入电积槽。

（3）电接点检查

阴极和阳极一般是用软连导线与母线板连接的。由于电积贵液具有很强的腐蚀性，很容易造成电接点腐蚀，大大增加接点处的电压降，降低电积效率。因此，必须定期检查各接触点，并及时消除腐蚀和虚接。此外，在阴极框中，钢毛与阴极探棒接触，阴极探棒长期处于强碱性的热溶液中，容易结垢，也会大幅度增加阴极与探棒之间的接触电压降。因此必须定期清洗阴极探棒表面，改善其与钢毛的接触性能。

9 难浸矿石的预处理

20 世纪 80 年代以来，黄金生产有了迅速的发展，在很大程度上是因为采用了炭浆法，能够有效处理含泥量高的氧化矿石和尾矿。然而随着开采深度的增加，选矿处理的氧化矿越来越少，硫化矿日益增加，而许多矿石又是难浸矿石。用常规氰化法无法有效回收的金矿石称为难浸矿石。在这些矿石中，有时含有各种形式的炭，有的金大部分被包裹在硫化矿中，而这些硫化矿通常是黄铁矿和砷黄铁矿，这些含金物料之所以难浸，其原因大致可归纳如下：

(1) 这些矿石中金往往是微细粒的，有时是亚显微的，并包裹在硫化物颗粒中，这类矿石是不能用细磨的方法使金解离的。

(2) 金浸出过程中，金颗粒表面可能形成阻止其溶解的薄膜，如溶液中砷的硫酸盐、As_2S_3 胶体和砷硫离子等能吸附在矿石表面形成薄膜，使金的溶解速度急剧下降。

(3) 氰化过程中硫化物分解出消耗大量氰化物或氧的物质，抑制金的溶解，如磁黄铁矿和铜矿物是主要的氰化物消耗者，而二络硫离子、硫代硫酸盐、亚砷酸盐和亚铁的氰化物很快消耗大量氧，阻碍了金的溶解过程。

(4) 矿石中活性炭、无定型炭、石墨和高碳氢的有机物等的存在会吸附已溶解的金。

(5) 有的矿石焙烧时在金颗粒表面生成氧化铁、硅酸盐难溶化合物或难溶合金。

(6) 现已发现如金银合金、含金碳化物和砷化物以及方金锑矿和黑铋金矿等矿物都难氰化。

对于难溶的金矿石，只有使整个硫化物破碎才能完全解离，因此，要求处理工艺必须具有非常高的水平。处理难溶矿石有很多不同的工艺，以不同的方法使硫化物氧化并生成相应的产品，这些工艺多还处于实验研究阶段，只有焙烧氧化、加压氧化和细菌氧化三种工艺实现了工业生产或半工业生产。

9.1 焙烧氧化法

难浸含金矿石焙烧可使矿物颗粒变成多孔性，并使被包裹的细金粒暴露出来，以便于下一步氰化。在焙烧过程中还可以改变矿石的组成，如能吸附溶解金的炭物质，以及消耗试剂并影响氰化速度的磁黄铁矿和铜矿物。

9.1.1 焙烧机理

(1) 焙烧过程中黄铁矿的行为

含金硫化矿氧化焙烧的实质是矿物中的硫燃烧，使之呈气态挥发，这样在矿物颗粒内部就存在局部还原区域。矿物工艺学研究表明黄铁矿氧化是分两个阶段完成的：

① 第一阶段。黄铁矿首先氧化分解成单体硫，生成的硫扩散到颗粒表面氧化成二氧化

硫。在此过程中磁黄铁矿由于硫减少而重结晶。

$$FeS_2 \longrightarrow FeS + S$$

$$S + O_2 \longrightarrow SO_2$$

② 第二阶段。当磁黄铁矿中Fe与S的比值达到极限值1∶1后，随着颗粒中硫含量的减少，局部还原气氛被更富氧的气氛所取代，这样磁黄铁矿就转为Fe_3O_4，进而氧化成Fe_2O_3。

$$3FeS + 5O_2 \longrightarrow Fe_3O_4 + 3SO_2$$

$$2Fe_3O_4 + 0.5O_2 \longrightarrow 3Fe_2O_3$$

(2) 焙烧过程中磁黄铁矿行为

由于磁黄铁矿在氰化溶液中不仅消耗大量氰化物和氧，而且对金在氰化溶液中的溶解产生化学抑制，故磁黄铁矿含量较多的含金矿石氰化前需进行处理，其焙烧处理反应过程与黄铁矿一样，由于金很少与磁黄铁矿共生，所以采用焙烧法处理含金磁黄铁矿石及其精矿，其主要作用在于使磁黄铁矿发生钝化以消除对氰化的不利影响。

(3) 焙烧过程中砷黄铁矿的行为

在中性及还原性气氛中，砷黄铁矿受热分解，在氧化气氛中则迅速氧化：

$$4FeAsS = As_4 + 4FeS$$

$$2FeAsS + 5O_2 = Fe_2O_3 + As_2O_3 + 2SO_2$$

但过强的氧化气氛则会导致难挥发的As_2O_5和砷酸盐的生成：

$$As_2O_3 + O_2 = As_2O_5$$

$$As_2O_5 + 3CaO = Ca(AsO_4)_2$$

$$As_2O_5 + 3FeO = Fe_3(AsO_4)_2$$

砷酸盐分解温度较高(如砷酸铁需940 ℃)，高价砷化物往往是焙烧砂中残留砷的主要形态。

上述反应产生的As_2O_3极易挥发，其蒸气压与温度关系如下：

$$\lg p_{As_4} = -\frac{6\,590}{T} + 9.52$$

$$\lg p_{As_2O_3} = -\frac{3\,132}{T} + 7.16$$

As_4及As_2O_3的蒸气压随温度升高而迅速增大，按计算分别于720 ℃及476 ℃达到一个大气压，因而在一般焙烧温度下，两者均呈气相随炉气带走，随后在收尘系统中随着温度的降低而冷凝。

(4) 焙烧过程中金的行为

研究发现在焙烧过的含金砷黄铁矿颗粒中有很小的金颗粒存在，其粒度小于0.5 μm(焙烧前金的粒度小于0.01 μm)，这种颗粒的形成和砷黄铁矿晶格脱砷有关，因为这种颗粒总是与砷黄铁矿焙烧后所成的磁黄铁矿伴生。

假定含砷黄铁矿中亚微金颗粒存在于结晶错位和晶格变形处。在燃烧过程中，金箔位于砷和硫溶液中，因液体处于封闭压力下，所以任何裂隙或晶格缺陷都会成为压力释放点，最后，砷和硫全部转移出去，而金留在焙砂显微结构的孔隙相邻的孔洞中。在焙烧过程中，亚微金可聚合而略为长大，有助于细粒弥散金的提取，但当温度达金熔点(1 060 ℃)时，所形成的熔珠状金往往又是导致浸出率低的原因之一。焙烧时由于砷、硫的脱除，原矿石呈现出疏松多孔的结构，使被砷硫矿物包裹的金得以充分表露，有利于金的提取。

沸点高达 2 860 ℃的金，在焙烧温度下，“挥发”损失于气相中的金的数量随温度升高而增加。据初步分析，除部分由于外逸机械尘粒夹带所致外，“挥发”的金相当部分是由于其嵌布粒度极细，在焙烧时受到从矿物内骤然产生的蒸气极大的气流冲击而被带入气相，特别是砷蒸气所夹带的那部分，直至其冷凝后方可沉积。由此可见，要减少该方面金量的损失，应避免精矿直接进入高温区。

9.1.2 焙烧工艺

焙烧工艺自 1920 年前后在生产上应用以来，一直是砷金矿预处理的基本手段。初期，人们使用的是简易的固定床焙烧，20 世纪 40 年代后期，沸腾焙烧在砷金矿处理上的应用，大大提高了设备生产能力和焙烧质量。50 年代末，两段沸腾焙烧工艺的实施，实现了在氧化气氛中脱砷及氧化气氛中脱硫的工艺要求，更进一步提高了焙烧效果，使金浸出率再度提高了百分之几。60 年代以来随着环保要求的日趋严格，研究重点则放在收尘系统的改善及合理配置、砷尘回收利用上，逐渐形成了热电收尘—砷蒸气骤冷—电收尘的标准模式，打破了砷尘长期封存及清理的惯例。

我国砷金矿预处理起始于 20 世纪 60 年代，1978 年我国独有的第一座较为完整的回转窑焙烧系统投入工业生产，其利用气固逆流的原理，较好地满足了脱砷、脱硫对炉内气氛的不同要求，有着极佳脱砷效果，且具有明显的经济效益和社会效益。

(1) 回转窑焙烧工艺

含砷金矿石焙烧预处理其目的是脱除砷、硫，使亚微金暴露出来且聚凝。就脱砷而言，要使砷优先氧化，并避免高价砷化物生成，希望系统内维持较低温度及弱氧化气氛；而就脱硫而言，则要求在较高的温度和氧化气氛中进行。国外实现在两段沸腾焙烧及我国所采用的回转窑焙烧，都遵循了上述热力学原理。采用回转窑焙烧，精矿由加料螺旋均匀推入加料管，由此导入物料迎着炉气逐渐移向窑内，在窑内经受喷嘴烧油供热及本身燃烧加热可形成的高温，完成整个焙烧过程，烧成的焙砂排至冷却圆筒，经水冷入库，炉气则由抽风造成的负压，逆着固体物料而由窑尾抽出，经三级旋风收尘器，使机械尘与砷、硫蒸气分离。As_2O_5 蒸气由表面冷却器及布袋收尘器冷凝收集，经布袋过滤的烟气由风机抽入烟道，以高烟囱高空稀释排放。机械尘及收集的白砷，分别排入各自灰斗，定期放出及包装。

回转窑焙烧采用气-固逆流的作业制度，既可避免精矿直接进入高温区，减少金的挥发损失，又满足了脱砷、脱硫对气氛的不同要求。焙烧时，精矿由窑尾低温区徐徐加入，并逆着炉气向前移动，此时的炉气因燃料及硫的燃烧已耗去部分氧，实为低浓度 SO_2 烟气，这样便为精矿中砷的优先挥发创造了良好条件。之后，随着砷的脱除，物料逐渐移向窑头，温度逐渐升高，烟气含氧也相应增大，逐渐对硫的脱除有利，直至窑头高温区，遇着刚入窑的空气，硫化物的氧化过程进入高潮，物料中硫激烈氧化进入气相，所形成的 SO_2 烟气相继又逆着向前移动的物料而抽向窑尾。高砷物料始终遇着低氧炉气，低砷物料不断面临高氧气流，温度依次升高，因而回转窑逆流焙烧实现了国外需两座沸腾炉实现的作业，而且具有极好的脱砷效果。

砷金矿焙烧的主要目的并不在于砷的回收，而在于生产适于下一步提金的焙砂，而湿法提金要求降低砷硫，不仅是减小砷、硫本身对浸金的干扰，更重要的是通过砷硫的脱除产生疏松多孔的结构，使金从包裹状态下暴露出来。例如，通过焙烧，物料中单体及连生体金的含量提高约70%，金的浸出率可由精矿直接浸出的47.39%提高到92.77%。焙砂中AsS含量只是焙砂质量好坏及金解离程度的相对标志，过高的焙烧温度，尽管砷硫脱除效果很好，但往往由于物料的熔结导致金浸出率的降低。

焙烧预处理—湿法提金，可减少火法提金过程的污染，并提高金的回收率。随着黄金生产的迅速发展，我国也陆续发现可利用的砷金资源，因而，砷金矿物处理的工艺研究，包括焙烧工艺研究更有其重要的意义。

(2) 沸腾炉焙烧工艺

传统的焙烧法已由固定焙烧炉和回转窑焙烧发展到沸腾焙烧炉。随着独立采矿公司发明的循环沸腾焙烧炉和富氧焙烧工艺问世，沸腾焙烧已由开始只处理浮选精矿而发展到原矿石的焙烧。

在含大量砷黄铁矿的情况下，采用两段焙烧，在低温(425 ℃)的还原气氛中的第一段焙烧过程中，砷以三氧化二砷气体形式挥发，然后转入高温氧化焙烧使硫充分氧化。

传统的焙烧工艺中金的回收率一般为80%～90%，低于其他工艺方法。金回收率低的原因，从矿物学观察表明，焙烧法使硫化物完全解离金暴露的量比其他氧化法少，此外温度控制差，特别是当温度太高时可产生不渗透的包裹金的玻璃质熔体。

9.2 加压氧化法

近年来，加压氧化法被认为能分解硫化物，并使金表面暴露于氰化物或硫脲等浸出液中，是更有意义并令人满意的方法之一。研究认为以加压氧化法作为难浸矿石的预处理，不仅提高难浸及金的回收率，而且还可以很好地控制污染。

9.2.1 加压氧化法机理

在高温氧化下进行加压氧化的过程中，某些硫化物被氧化：

砷黄铁矿 $4FeAsS+11O_2+2H_2O \longrightarrow 4HAsO_2+4FeSO_4$

黄铁矿 $2FeS_2+7O_2+2H_2O \longrightarrow 2FeSO_4+2H_2SO_4$

磁黄铁矿 $2Fe_7S_8+31O_2+2H_2O \longrightarrow 14FeSO_4+2H_2SO_4$

雄黄 $4AsS+9O_2+6H_2O \longrightarrow 4HAsO_2+4H_2SO_4$

雌黄 $As_2S_3+6O_2+4H_2O \longrightarrow 2HAsO_2+3H_2SO_4$

在某些条件下，黄铁矿氧化可产生元素硫，$FeSO_4$ 和 $HAsO_2$ 会进一步氧化：

$$FeS_2+2O_2 \longrightarrow FeSO_4+S$$

$$4FeSO_4+2H_2SO_4+O_2 \longrightarrow 2Fe_2(SO_4)_3+2H_2O$$

$$HAsO_2+O_2 \longrightarrow HAsO_4$$

部分硫酸铁以赤铁矿、水合氢黄钾铁矾和砷酸铁形式沉淀：

$$Fe_2(SO_4)_3+3H_2O \longrightarrow Fe_2O_3+3H_2SO_4$$

$$3Fe_2(SO_4)_3+14H_2O \longrightarrow 2H_3OFe_3(SO_4)_2(OH)_6+5H_2SO_4$$

$$Fe_2(SO_4)_3+2H_3AsO_4 \longrightarrow 2FeAsO_4+3H_2SO_4$$

由此可见，在高温氧化下进行加压氧化时，一部分砷和大部分铁会转变成不溶状态（即呈固态沉淀），与此同时，有价金属，特别是最初由于某些物理的和化学的原因与铁的硫化物共生的金将暴露出来，这样一来溶剂就会与金起作用了。

9.2.2 加压氧化法影响因素

加压氧化过程与温度、停留时间、矿浆浓度及氧的过剩压力等因素有关。一般来说，加压氧化过程，随温度的增加及停留时间的延长，金的浸出率也增加，然而增加的速率和幅度都与矿物原料的性质密切相关。

搅拌速度、矿浆浓度和氧分压是控制氧化过程中氧分散的三个主要因素，其中矿浆浓度和氧分压尤为重要。随着矿浆浓度的增加，其黏度也增加，氧分散困难，金的浸出率也随之下降，甚至增加搅拌速度浸出率也不会提高，但此时随着氧分压的增加，金的浸出率还会提高。

加压氧化过程中硫化物的分解及其程度直接影响着金浸出率的大小。硫化物分解率较低时，金的回收率很低，为浸出 95%以上的金，就必须控制硫化物的分解率达如 90%～95%以上。

随着硫化物的不断分解，矿浆溶液的成分在不断变化，同时也改变着溶液中的电动势，那么在确定的条件下，矿浆中硫化物分解达 95%时相对应的电动势的值亦可确定，因此，可以通过测量溶液的电动势来控制金的浸出率。图 9-1 所示为溶液的电动势与金浸出率之间的关系。

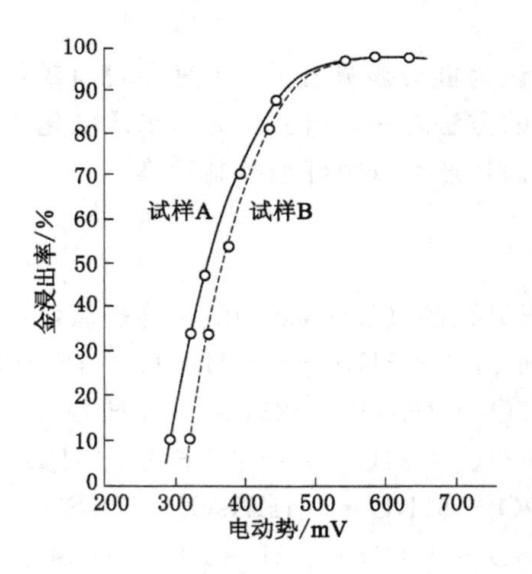

图 9-1　溶液的电动势与金浸出率之间的关系

加压氧化预处理后物料可直接进行硫浸出或氰化浸出，当在水介质和硫酸介质中实行含金硫化物的加压氧化分解时，会生成元素硫，这是影响金浸出率的主要原因。当氧化过程进行的温度高于 120 ℃时（这一温度对于黄铁矿和砷黄铁矿的完全分解来说是必要的），不可避免地会导致元素硫的熔化，因为单斜晶型硫的熔点为 119 ℃，斜方晶型硫的熔点为 112 ℃。熔化了的硫将会罩盖在硫化物颗粒的表面上，从而阻碍硫化物的进一步氧化，因此，降低了硫化物的分解率，使金暴露的程度降低了。

在中性或酸性介质中加压氧化后的物料采用硫脲浸出的优点是：直接浸出不用预先中和，浸出时间短和无毒，加压氧化产生的硫酸和高铁离子是下一步硫脲浸出的理想环境，其主要缺点是试剂消耗高，向矿浆中添加二氧化硫或其他还原剂不仅允许采用较低的硫脲浓度，而且可大大减少硫脲消耗。

在碱性（例如 NaOH）溶液中实施硫化物加压氧化分解时，可以克服元素硫的不良影响，并且经过碱分解的含金复杂硫化物滤饼适于氰化处理。因为这样不仅可以使金完全暴露出来，而且可以破坏金粒上的薄膜，分解消耗氰的杂质，以及使砷呈砷酸钠进入碱液中。

$$FeAsS+3.5O_2+5NaOH=\!=\!=Na_3AsO_4+Fe(OH)_3+Na_2SO_4+H_2O$$

$$As_2S_3+8NaOH+6O_2=\!=\!=2NaAsO_2+3Na_2SO_4+4H_2O$$

$$As_2S_3+12NaOH+7O_2=\!=\!=2Na_3AsO_4+3Na_2SO_4+6H_2O$$

$$As_2O_3+6NaOH=\!=\!=2Na_3AsO_3+3H_2O$$

因此这一过程可以用作从砷黄铁矿的混合精矿中优先分离金和砷的水冶方法，所得的砷酸钠溶液可以用来回收砷（例如砷酸钙）和碱的再生：

$$2Na_3AsO_4+3Ca(OH)_2=\!=\!=Ca_3(AsO_4)_2\downarrow+6NaOH$$

南非默奇森联合公司格拉沃洛特厂以低碱加压氧化浸出技术从难浸浮选精矿、中矿中回收金获得成功。

此外，有研究认为对于金铜精矿还可以采用在氨存在的条件下进行加压氰化的方法综合处理，铜、锌等杂质呈可溶性络合物转入溶液，铅、砷等杂质呈不溶性化合物沉淀，而金则以硫代硫酸盐（$S_2O_4^{2-}$）和硫氢酸盐（HS^-）存在于溶液中，氨溶液中的金可以用活性炭或离子交换树脂进行回收。

9.3　细菌浸出法

细菌浸出法就是利用某些微生物的生物催化作用，使矿石中的金属溶解出来，从而能够较为容易地从溶液中提取所需要的金属。在难浸金矿的处理中，细菌浸出可以代替焙烧或加压浸出，作为解离与硫化物结合金的手段，特别是对于金被包裹在砷黄铁矿和黄铁矿这类硫化物中的难浸矿石和粗精矿，用细菌氧化预处理后再用氰化浸金，已成为热门的研究领域，并已用于生产。与焙烧法及高压氧化法相比，细菌法具有金银回收率高、不污染环境和投资费用少、生产成本低等优点。

细菌对金的作用是在 1900 年由伦格维茨第一次发现，金同腐烂的植物相搅混时，金会溶解。据他的见解，金的溶解是与植物生成的硝酸和硫酸有关。后来，马尔琴考察象牙海岸的含金露天矿时发现，脉金被矿井水迁移和再沉淀。经他研究，活的细胞通常条件下能够起这种作用。

9.3.1　细菌浸出机理

细菌浸出所用的微生物主要为氧化亚铁硫杆菌，这种细菌可存在于高酸度、高金属离子、温度达 35 ℃的无营养环境中。此外，还有兼性嗜热菌、专性嗜热菌（可在 50 ℃的浓度下氧化铁和硫化物）以及极端嗜热菌（能在 50～70 ℃或更高温度下进行分解反应）。

对分离的微生物种类进行的研究表明，这些微生物本身不是溶解金，而是具有氧化分解硫化矿物的能力。

在常温常压，氧化亚铁硫杆菌在酸性条件下，有强烈的氧化分解硫化矿石能力，特别是对砷黄铁矿分解能力更强。砷黄铁矿被细菌氧化后产生砷酸和亚硫酸铁。

细菌浸出时发生的化学反应：

浸出反应：

$$FeS_2 + 3.5O_2 + H_2O \longrightarrow FeSO_4 + H_2SO_4$$

$$FeAsS + 3O_2 + H_2O \longrightarrow H_2AsO_3 + FeSO_4$$

$$2FeSO_4 + 0.5O_2 + H_2SO_4 \longrightarrow Fe_2(SO_4)_3 + H_2O$$

$$H_2AsO_3 + 0.5O_2 \longrightarrow H_2AsO_4$$

中性反应：

$$2H_3AsO_4 + Fe_2(SO_4)_3 \longrightarrow 2FeAsO_4 + 3H_2SO_4$$

$$3Fe_2(SO_4)_3 + 14H_2O \longrightarrow 2H_3OFe_3(SO_4)_2(OH)_6 + 5H_2SO_4$$

$$H_2SO_4 + CaCO_3 + 2H_2O \longrightarrow CaSO_4 \cdot 3H_2O + CO_2$$

$$H_2SO_4 + CaO + H_2O \longrightarrow CaSO_4 \cdot 2H_2O$$

在一个单独工序中，用石灰石或石灰中溶解的铁、砷和酸，并沉淀出石膏、黄钾铁矾和砷酸铁的混合物，这些固体长期很稳定，可以不作为污染环境的尾矿处理。

在金细菌浸出的诸因素中，培养基的成分是重要因素之一。因此，应选择好细菌的新陈代谢条件。细菌的生理状态也对金的生物浸出过程有决定性的影响，新细胞的新陈代谢比老细胞或放置几天的细胞更强。

当介质的最初 pH 值为 6.8 或 8 时，金溶解得很好，在溶解过程中，细菌可以碱化介质，所以 pH 值将会分别提高到 7.7 和 8.6。pH 值不断升高，表明细菌的活动能力减弱，此时就可以认为硫化物已完全氧化。

与其他任何方法一样，金在各种硫化物中的分布以及金的赋存状态是影响浸出效果的最主要因素。如精矿的浸蚀孔洞在黄铁矿晶体中的位错点或沿其他结构缺陷的晶面发展，这样的晶面可能是细金粒所在地方，也正是这些地方有利于细菌的浸蚀，所以细菌浸出过程中当 60%的硫化物氧化后，金的浸出率就超过 90%。而欲使精矿氰化浸出率也达 90%以上，则需硫化物氧化分解率达 85%以上。

9.3.2 细菌浸出工艺过程

从土地和天然水样品中分离的能够溶解金的所有微生物都是无毒的，所以利用微生物可以在小采区里实现就地堆浸。

用细菌从矿石中溶解金的过程可以分为以下几个连续阶段：① 第一阶段为潜伏阶段，如果使用最好的微生物群落，这一阶段达 3 个星期，如果培养基不太适于增强细菌的溶解能力，那么，这一阶段长达 5 个星期；② 第二阶段为溶解阶段，在这一阶段金的溶解非均匀地增加，有时会反复析出金的沉淀物，在 2.5～3 个月期间内，金的溶解量最多；③ 第三个阶段为溶解度阶段，实际上在这一阶段金的溶解度没有变化，但是在 0.5～1 年时间已溶金浓度相当高(10 mg/L)；④ 第四阶段为最终阶段，这一阶段的特点是金的溶解度有明显下降。因此，用细菌堆浸工艺浸出 2.5～3 个月时，金的回收率(溶解度)为最高。

世界上有关细菌浸出金的大量研究的目的都是减少细菌的浸出时间。一方面是驯化菌种使之更适应含金硫化矿的浸出过程；另一方面改善工艺提高效率。如贾恩特贝(Giant Bay)生物工艺公司进行的微生物槽浸工艺的研究，可使黄铁矿和砷黄铁矿的混合精矿氰化作业金的回收率由65%提高到98%，所用的氧化铁亚硫杆菌的改良菌种，能够在溶解铁50 g/L、砷20 g/L、强酸性pH<1的溶液中生存。微生物槽浸原则流程如图9-2所示。

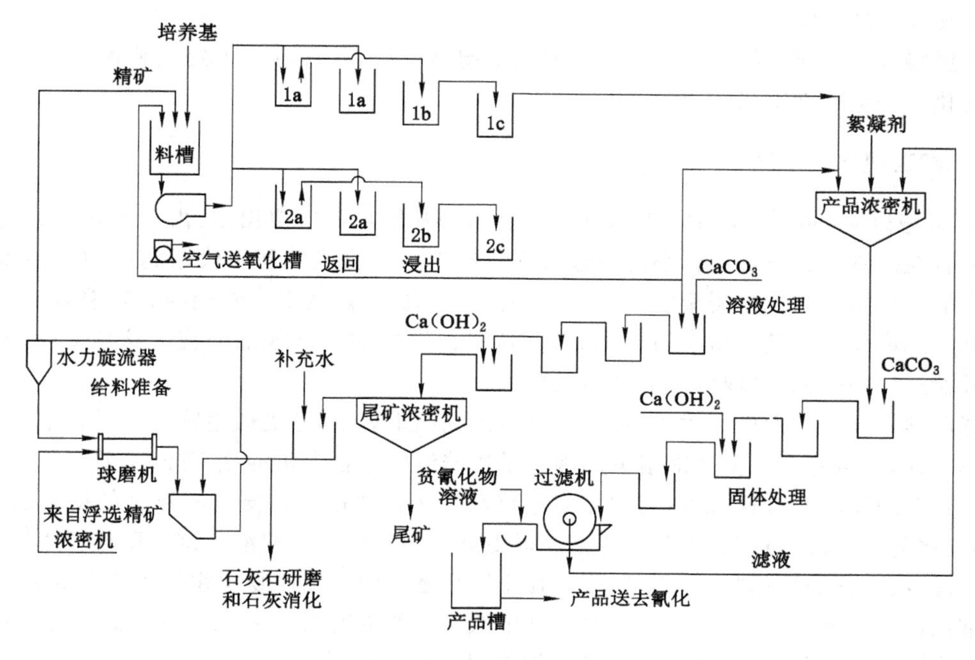

图9-2 微生物槽浸原则流程

此工艺微生物槽浸系统由8个搅拌槽构成，每个槽的直径为6.4 m，高6.4 m，这些槽的布置如图9-3所示。第一段浸出用4个槽氧化时间48 h；第二段和第三段用2个槽，每槽氧化时间24 h，总共停留时间96 h。这些槽子分两列平行布置，如果需要可分成4段。每段氧化24 h，进入槽子的空气总量174 m^3/min，由83 kPa压缩机供风，细菌所需要碳源二氧化碳来自精矿中碳酸盐的分解，充足的CO_2可以保证微生物快速浸出。用工业品位的肥料供给少量的营养液。各段的搅拌器可保证能吸收足够的氧。由于氧化反应是放热反应，所以矿浆需要进行冷却，特别是第一阶段放出热量占60%以上，每个槽都装有与冷却塔构成闭路的不锈钢蛇形冷却管，水在管内流动。

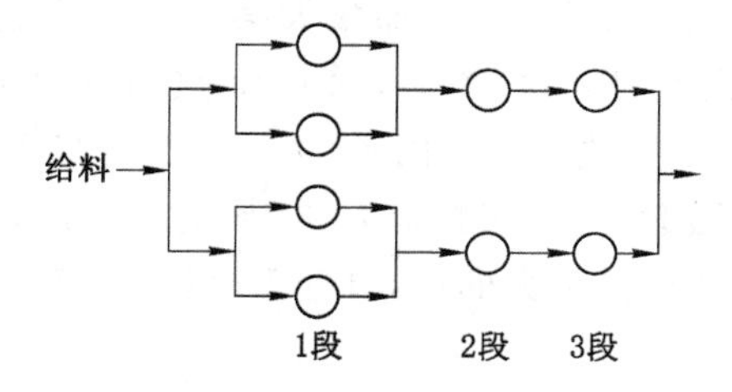

图9-3 槽浸设备布置

由最后浸出段的滤渣，底流经浓密、两段中和后过滤，滤饼送去氰化；浓密机溢流也进行两段中和，是为了沉淀砷酸铁、黄钾铁钒和石膏，中和是在串联的4个槽内进行的，为了产出具有比较好的浓缩性的粗粒沉淀物，矿泥从第4槽再循环到第1槽。

半工业试验及可行性研究证明，贾恩特贝的微生物槽工艺是可以代替普通工艺处理难浸的贵金属矿石和精矿的。因为它具有基建、生产费用低，能把任何可溶的砷转换成不污染环境的废弃产品等优点。

贾恩特贝已经建设第一个工业规模的微生物槽浸厂，并且有一个处理砷黄铁矿和精矿的新的化学—生物学工艺的专利。

9.3.3 细菌浸出的发展

20世纪以来，90％的提金厂都采用氰化物溶液从脉金矿中浸出金，由于氰化物有剧毒，人们一直在研制无毒或毒性较小的浸金溶液。鉴于微生物或其新陈代谢的产物多种多样，发现有的活性细菌能优先凝聚胶状金粒，有的微生物的新陈代谢产物能与金粒螯合，于是开展了利用细菌作用直接浸出矿石中的金，并从浸出液中加以回收的研究。这项20世纪70年代开始进行的研究，已取得了可喜的成果。

苏联学者在这方面做了大量的研究工作，研究结果表明，各类微生物中从矿石中浸金的能力不一样，而且还确认使金能溶解的因素是培养液中存在大量的氨基酸，主要有天门冬氨酸、丝氨酸、组氨酸和甘氨酸等，它们能与金粒发生络合作用。各氨基酸对金的络合能力不同，其顺序为：含苯丙氨酸＞天门冬氨酸＞丝氨酸＞组氨酸＞甘氨酸。这些菌株若用紫外线诱变处理，浸金能力可增加3～5倍，原因在于诱变菌株的代谢产物中积累了更多的氨基酸。影响细菌浸金主要因素的研究表明，培养液中氨基酸的浓度为3～5 g/L时，浸金效果最好。而且还发现添加氧化剂（如$KMnO_4$）还可增加浸出率3～6倍。

我国先后对广西平南县六岑金矿选厂浮选含砷金精矿（含As 4％～6％）和新疆哈图金矿含砷金矿（含As 3％～5％）进行试验研究。前者金的浸出率达87％；后者氧化金精矿直接浸出回收率76％～78％，而经细菌氧化后，金氰化浸出率达90％。

在浸出机理方面的研究也取得了一定成果，如在试验过程中发现氧化亚铁硫杆菌氧化砷黄铁矿速率不一，有的物料硫化物氧化率与氰化浸率成正比，有的则不然。研究还发现，如含砷矿物为砷黝铜矿、雄黄，它们几乎不被细菌氧化分解。

国外约有多家正在生产和计划兴建细菌氧化提金厂。南非有3个厂，其中金科公司的Fainrriew金矿是世界上第一个细菌氧化提金厂，1986年10月投入生产，效益越来越好，金浸出率稳定在95％以上，氧化处理时间由原来的5～6天已缩短至3～4天，同时浸出槽的金精矿的日处理量由原来的12 t增至20 t；加拿大某厂处理含金银的尾矿，氧化处理时间40 h，金浸出率达74％；澳大利亚有2个厂，采用嗜热氧化亚铁硫杆菌；美国有1个厂（Tomkin Spring），槽浸容量大（槽高13 m，内径17 m）；巴西有2个厂，由南非Cencon公司设计；津巴布韦1个厂，由英国Dary公司投资兴建；加纳1个厂，由澳大利亚承担建设设计任务。以上细菌提金厂中生产规模最大的厂，日处理金精矿574 t。

9.4　硝酸氧化法

硝酸氧化法是 Arseno 工艺有限公司首先提出的。该方法对难浸精矿进行了初步试验，研究表明，以硝酸为主的处理难浸金矿石法有不少优点，此法可处理低硫矿石到高硫矿精矿很宽的物料范围。已研究出来的对应处理工艺称为 Redox 法，已推向市场得到应用。

9.4.1　硝酸氧化法的化学过程

在 Redox 法中，矿物的分解是利用硝酸的化学反应通过水溶液氧化完成的。以黄铁矿为例，在通常情况下其氧化的反应为：

$$4FeS_2+5O_2+2H_2O \longrightarrow 2Fe_2(SO_4)_3+2H_2SO_4$$

由于氧在水中的溶解度是有限的，所以溶解氧与硫化矿物的反应很慢。若用硝酸作为从气相中将氧带到硫化矿物表面的媒体而进行的氧化反应，可以克服这些限制。

硝酸氧化黄铁矿的反应为：

$$2FeS_2+10HNO_3 = Fe_2(SO_4)_3+H_2SO_4+10NO\uparrow+4H_2O$$

这一反应可在 60 ℃至数百摄氏度下进行，且反应速度很快，可在几分钟内使黄铁矿完全分解。

一般认为，硝酸氧化硫化矿物的实质是，反应过程中硝酸产生一系列中间产物，其中最主要的是亚硝酸起了重要作用。可用以下反应式表示亚硝酸氧化砷黄铁矿的反应：

$$FeAsS+0.5H_2SO_4+14HNO_2 = 0.5Fe_2(SO_4)_3+H_3AsO_4+14NO\uparrow+6H_2O$$

氧化反应在较低的温度下进行时，如 Nitrox 工艺是在常压和 90 ℃的条件下进行的，尽管可使给矿中的铁、硫、砷和很多其他贱金属完全氧化，但却大约有 50%的元素硫生成，而温度升高至大于 180 ℃以上元素硫便可进一步氧化完全。

氧化过程游离酸的存在对亚硝酸的形成及其还原成一氧化氮是必不可少的。为了使氧化反应能持续进行，必须控制溶液 pH 值保持在 1.7 以下，尽管黄铁矿氧化会产生酸，但如果矿石或精矿中含有大量耗酸的成分(如硫酸盐)则还需添加硫酸。在实际工艺过程中常常加入更多的黄铁矿来代替硫酸满足这一要求。

9.4.2　硝酸再生

硝酸或亚硝酸在氧化硫化矿物同时自身还原产物是一氧化氮，因其溶解度比较低，故逸出到气相并与氧反应，一氧化氮氧化成二氧化氮，便可迅速被水吸收再生硝酸。

$$4NO+3O_2+2H_2O = 4HNO_3$$

当处理低品位硫化矿时，由于硝酸与固体的比很低，通常将一氧化氮从反应器中排出，在外部进行再生(Nitrox 法)。而处理高硫精矿时，必须向反应器中加入氧气，可使硫化物的氧化和硝酸再生同时进行(Arseno 法)，由于产生的硝酸可直接用于氧化硫化物，所以在处理这类物料时，用略少于化学计算量的硝酸便可达到硫化物完全氧化之目的。

9.4.3　操作条件

硫化矿物与酸性硝酸盐溶液反应是在常压下进行的，反应时的温度可在很宽的范围内选择。工艺过程温度的选择在很大程度上取决于被处理的物料性质。处理低硫(1%～3%)矿石时,可用加热矿浆的反应热,因此操作过程应在尽量低的温度下进行,这样可减少或不用外部供热。处理高硫精矿时,在 100 ℃以上操作,使蒸气外溢,便可取消外部冷却。

在高温下处理还有一个优点是可较大程度地减少硫元素的干扰,在 195 ℃以下采用 Redox 法,含硫化物 60%(砷黄铁矿和磁黄铁矿)的硫化物精矿不产生元素硫,这是其他氧化法不可能比拟的。

10 金的冶炼

10.1 金的粗炼

10.1.1 金的火法冶炼

(1) 原料来源

金的火法冶炼原料主要来源于选矿产品和冶炼中间产品。由于矿石性质不同,各选金厂采用的工艺流程也不相同。供给炼金的主要原料有氰化金泥、重砂、汞膏、钢棉或碳纤维阴极电积金、焚烧后的载金炭灰、硫酸烧渣金泥、硫脲金泥、含金废料等,其含金量和物质组成是不同的。

① 重砂。也称为毛金,是由重选获得的富含金的选矿产品。重砂中金颗粒比较大,经人工淘洗后,含金量可在50%以上,一般主要杂质为铁、硫化物和石英等矿物。火法冶炼前需在850 ℃左右的温度下焙烧脱硫。

② 氰化金泥。氰化金泥是指在氰化法提金中,用锌粉或锌丝从含金贵液中置换得到的一种富含金银和铅锌的泥状沉淀物,其颜色近似于黑色。由于矿石性质和含杂质的不同,金泥成分变化也很大。金泥的成分对炼金工艺的选择起着决定的作用。金泥所含贱金属杂质主要是锌、铅和铜等。一般金泥所含主要成分为:金10%~50%,银1%~5%,锌10%~50%,铅5%~30%,铜2%~15%,二氧化硅2%~20%,硫化物1%~6%,钙1%~5%,铁0.4%~3%,有机物1%~10%,水25%~40%。金泥中锌主要来自置换过程中的过量加入的锌粉或锌丝;铅主要来自置换时加入的铅盐(如醋酸铅、硝酸铅等);铜主要来自矿石;金泥中铁、硫、二氧化硅等主要来自矿石;一部分被氰化物溶解的铜又被锌置换后而留在金泥中;这些成分含量多少取决于锌置换前贵液净化的程度和锌置换工艺。

③ 钢棉或碳纤维阴极电积金。它是在堆浸炭吸附法、炭浆法、树脂矿浆法提金工艺中,对解吸贵液进行电积得到的阴极产物,主要含有钢棉残留物,以及铜和锌等杂质。在经电积产出的载金钢棉中,金与钢棉的质量比一般为1.3∶1~9.3∶1,有时可高达20∶1。

④ 硫脲金泥。它是用硫脲法从金精矿中浸出提取的泥状沉淀物。硫脲金泥含铁、铜、铅等杂质多,常夹带矿泥,因此,金泥量大,金品位很低,难于直接造渣熔炼。

⑤ 载金炭灰。对于含可溶性金量很低的废液、矿液等溶液,因含金品位低,用活性炭吸附成本较高,一般采用焦炭做吸附剂吸附金,然后将吸附金的焦炭焚烧得到含金量较高的炭灰,该炭灰被称为载金炭灰。

⑥ 硫酸烧渣金泥。它是由化工厂的含金硫酸烧渣,经再磨、焙烧、氰化后,用锌置换得到的产物。由于烧渣的金品位低(0.4~10 g/t),浸出率不高,其金泥品位低。

⑦ 含金废料。它的来源广泛,种类繁多,主要有电子电器工业废料和首饰、装饰工业废

料。电子电器工业废料有废接点、废配线、导线、焊料及废电路板等。由于近年来复合材料的大发展，使原全面复合电镀改为局部复合电镀，由纯金属发展为合金镀，使电子电器工业废料中金的品位降得很低，成分也越来越复杂，很难回收。首饰、装饰工业废料是在加工首饰或装饰品的生产及加工过程中产生的废屑、磨粉或粉尘，以及在电镀或化学镀时产生的废电解液、阳极泥等。这类废料中金的含量较高，杂质含量相对少，是回收金的上等原料。另外，还有各种含金废旧物料和冶炼阳极泥等，都是冶炼的原料。

(2) 火法炼金工艺流程及原理

含金原料的火法冶炼工艺主要包括酸溶、焙烧(或烘干)和熔炼三部分。

① 酸溶

酸溶的目的是以10%～15%稀硫酸为溶剂，通过洗涤和溶解金泥，从金泥中分离出可溶于稀硫酸的杂质成分。金泥经酸溶后，进行液固分离，金泥再经水洗，压滤后金泥成为滤饼。

在酸溶时，锌最易溶于稀硫酸，铜等可溶性物质也被溶解，银也有可能少量溶解。酸溶时会产生大量氢气，如：

$$Zn + H_2SO_4 = ZnSO_4 + H_2 \uparrow$$

所以酸溶操作需在有机械搅拌装置的槽子中进行，槽上应有烟罩，使氢气及时排出。若金泥含有砷，则会产生砷化氢、氰化氢气体，这些都是剧毒气体，所以酸溶槽必须密封，并设有烟罩。

为了减少金泥中的锌量，降低酸耗和成本，酸洗前需先用筛子筛去较粗的锌粒、锌丝。硫酸的消耗量一般为锌重量的1.5倍。酸溶时间一般为3 h，澄清为3 h。在某些情况下，用31%～32%的盐酸溶液代替硫酸。此时，除锌外，几乎全部铅、钙也都可溶解。但盐酸浸出渣中贵金属的含量高于硫酸浸出渣中的含量。

需要注意的是，由于含铜金矿所得的氰化金可含30%铜，金属铜又不溶于硫酸和盐酸，这种氰化金泥直接采用酸处理不能制出适合下一步处理的合格产品。因此，对于高铜金泥，需先用硫酸除锌，然后再氧化后用硫酸进行浸出铜。被浸出的除铜之外，也有少量贵金属溶解，一般用金属铁再沉淀出贵金属。氧化浸出可使氰化金泥中的含铜量降低到1%～4%，加入的氧化剂一般为硝酸铵(NH_4NO_3)、二氧化锰以及氯化铁等。

经硫溶后金泥成分发生很大的变化，金泥中含金量明显增加，锌明显降低，而铅含量也升高，这是因为铅以硫酸铅形态留在渣中。

② 焙烧与烘干

酸溶金泥滤饼的焙烧，目的是为了除去金泥滤饼中的水分，使其中的贱金属及其硫化物氧化为氧化物或硫酸盐，便于下一步熔炼。

用电炉焙烧时，可每炉分层放置6～12个铁盘，每盘装金泥60 kg，保持温度在600～700 ℃焙烧16 h，产品为粉状焙砂。由于焙烧过程和粉状焙砂在熔炼时容易造成飞扬损失，现在许多工厂采用烧结工艺在840～860 ℃下进行焙烧。

③ 熔炼

金在任何温度下都不会被氧直接氧化，也不溶于酸，而金的化合物却极不稳定，易分解成金属金，因此，在酸溶—干燥后的金泥中金仍是单体金而不是化合物。在熔炼时，只要超过金的熔点1 064 ℃，金就熔化变成熔体。熔炼的目的是利用金相对密度(19.26)大与渣相对密度较小的差别和金不溶于渣的性质，把金银（银的熔点960.5 ℃）与金泥中的杂质分开。

但是炉渣中通常含有不少金、银，需要另做处理。

金泥中的杂质大部分以氧化物形式存在，这些氧化物有酸性的，也有碱性的。当配入一些溶剂时，这些杂质与溶剂作用，发生造渣反应：

$$Na_2CO_3 = Na_2O + CO_2 \uparrow$$

$$Na_2O + SiO_2 = Na_2O \cdot SiO_2$$

$$PbO + SiO_2 = PbO \cdot SiO_2$$

$$CaO + SiO_2 = CaO \cdot SiO_2$$

还有还原反应等：

$$2PbO + C = 2Pb + CO_2 \uparrow$$

$$Ag_2S + Fe = 2Ag + FeS$$

还原出的金属和物料中的金形成合金：

$$Pb + Ag + Au = (Pb + Ag + Au)$$

二氧化硅、氧化钙等非金属氧化物在熔化时会包裹金颗粒；另外，金在熔融的铅、锌、铜等金属中会发生相互溶解，如果金泥中含有较多铅、锌、铜等金属，金就会和这些金属发生熔融作用形成合金。所以在熔炼金泥时必须加入溶剂以除去贱金属并使非金属氧化物造渣，利用金熔体相对密度大而渣的相对密度小、金熔体与渣熔体分层的特点，将熔融物倾注到锥形模中，待冷却凝固后将渣层敲去，将金银合金再熔炼制成金锭，从而达到除去金泥中杂质的目的，这就是金的粗炼。金粗炼时，炉渣的成分及性质，对熔炼效果有决定性的影响。因此，选择良好的炉渣成分和性质特别重要。如果炉渣是易熔的，既可使燃料消耗较少，又可使处理物料在较短的时间内熔化，并且使金银与渣易于分离。反之，如果炉渣是难熔的，则不但会使用于熔化炉料的燃料消耗增加，作业时间延长，并且使渣与金银分离不好，从而使金银回收率下降。因此，炼金的方法要根据所处理对象的性质和具体处理工艺条件来决定，尽可能提高金银回收率，降低燃料和溶剂的消耗。

10.1.2 金的湿法冶炼

(1) 湿法处理工艺

氰化金泥的湿法冶炼工艺优点是生产规模可大可小，生产周期短，无铅害，一般情况下金银回收率可以达到99%，金银直收率和总收率较接近。但其存在工艺连续性强，生产管理和设备配套要求高，浸出试剂消耗量大，洗涤过滤较麻烦等问题。尽管在氰化金泥湿法冶炼中各厂原料和选择浸出试剂不同，但其基本工艺流程可表示为图10-1。

在图10-1氰化金泥湿法冶炼基本流程中，主要操作技术条件如下：① 如采用硝酸浸银，以操作温度50～85 ℃，硝酸初始浓度为300～400 g/L和H^+浓度>50 g/L为准。② 如采用氨浸银，操作温度为常温，氨水浓度为10%；固液比以终点时溶液含银20～30 g/L为准。③ 银还原时操作温度为50～60 ℃，$N_2H_2 \cdot H_2O$加入量为银量的1/3。④ 金氯化时操作温度为80～90 ℃，氯化时间为3～4 h；H_2SO_4初始酸度为50 g/L，NaCl初始浓度为40 g/L。⑤ 金还原温度为常温。

(2) 氯化法处理工艺

氯化法处理氰化金泥基本方法为：用30%～32% HCl溶液处理氰化金泥2次，溶解去

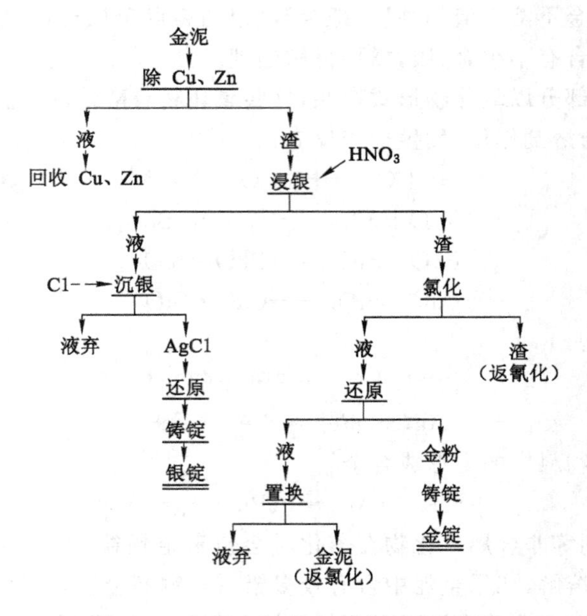

图 10-1　氰化金泥湿法冶炼基本流程图

除 Zn、Pb、Fe、CaO 及其他酸性杂质。残渣经过洗涤和干燥后，加入溶剂熔炼金银合金。从盐酸溶液和洗涤水中再回收溶解的贵金属，然后利用锌粉置换出铅和铜；再用水解净化法除铁后，从溶液中沉淀出碳酸锌，然后将碳酸锌煅烧成氧化锌。该流程可保证贵金属有较高的回收率，金和银回收率分别可达 99.9%和 99.0%以上，并可回收和副产锌、铅、铜等金属。回收的锌、铅、铜等金属可作为有色金属冶炼厂的相应原料。

10.2　金的精炼

10.2.1　概述

精炼厂的原料是各种各样的，但可分为原生原料和再生原料两种类型：原生原料是指用采选技术直接从地下天然资源中提取的含金物料，再生物料包括非采矿资源的含金原料。

熔炼处理过的金-锌渣、汞膏蒸馏后的海绵金、矿砂及矿石分选所得的含金重砂以及硫脲再生液制得的钢棉阴极粗金，其化学成分十分复杂，且大部分金为合金形式，除金和银之外，还含有杂质铜、铅、汞、砷、锑、锡等其他元素，杂质含量达 200 成色以上。金银合金是在精炼粗铅和处理铜电解阳极泥时制取的，一般含金和银总量为 97%～99%。除上述形式的原料外，送往精炼厂的还有各种合金、生活及工业废料、钱币等。

精炼的目的和作用有三个：① 富集、分离和提纯有经济价值的金属；② 分离和回收杂质和副产品；③ 对残渣进行利用和安全处理。金的精炼方法有火法、化学法、溶剂萃取法和电解法。火法为古老的金银提纯方法，目前在金的冶炼中使用不多。化学法是采用化学法提纯，主要用于特殊原料和特定的流程中。溶剂萃取提纯法是适应电子工业对纯度要求越来越高的要求而发展起来的，在贵金属领域已引起普遍重视。

目前金的精炼主要采用电解法，其特点是操作简便、原材料消耗少、效率高、产品纯度高且稳定、劳动条件好，并能综合回收和利用铂族金属等。

10.2.2 火法精炼

通常把金、银的火法精炼称为坩埚熔炼法。此法是分离和提纯金的古老方法，但由于劳动强度大，环境差，生产效率低，原材料耗量大，产品纯度不高，现在已很少采用。其方法主要有以下几种：

(1) 硫黄共熔法

该法是将金银合金加入硫黄进行共熔炼，使银及铜等重金属变成硫化物进入渣中，金仍以金属状态沉于坩埚底部，从而达到分离的目的，然后再用还原熔炼硫化物的方法回收其中的银。

(2) 食盐共熔法

该法是将粒状金银合金粒与食盐、粉煤混合进行熔炼，银生成氯化银成浮渣。金不被氯化而留在坩埚底部。分离后，再还原熔炼氯化银回收其中的银。

(3) 辉锑矿共熔法

此法是将金银合金和辉锑矿(Sb_2S_3)按 1∶2 的比例进行共熔炼，待全部物料熔化后，倾入预热的模中，金锑合金沉于模子底部，含少量金的硫化银、硫化锑等浮于上部。冷却后分离，再将硫化物进行反复熔炼数次以完全分离金。

金锑合金经氧化熔炼除锑后，再加硼砂、硝石和玻璃一起熔炼，造渣除去残留杂质以提高金的纯度。最后还原熔炼硫化物回收其中银。

(4) 硝石氧化熔炼法

该法是将含有杂质的金银合金与硝石进行共熔炼，在熔炼过程中少量铜等重金属被氧化通过造渣去除，使银或金银合金得到提纯。

10.2.3 化学精炼

金的化学法精炼，是基于金不溶于硝酸或煮沸的浓硫酸，而银以及其他金属能溶解其中的基本原理，主要有硫酸浸煮法、硝酸分银法、王水分金法和草酸还原精炼法。

(1) 硫酸浸煮法

此法适用于含金量不大于 33%、含铜量小于 71%、含铅量不大于 0.25%的金银合质金的精炼。在高温下用浓硫酸进行浸煮，使合金中的银和铜等贱金属形成硫酸盐而被除去，以达到提纯金的目的。此法浓硫酸消耗量很大，约为合质金质量的 3～5 倍。

浸煮时，先将合质金熔化并水淬成粒状或铸(或压制)成薄片，置于铸铁锅中，分多次加入浓硫酸，在 160～180 ℃下搅拌浸煮 4～6 h 或更长时间。浸煮中，银及铜等杂质便转化成硫酸盐。浸煮完成后，冷却，倾入衬铅槽中加热水 2～3 倍稀释后过滤，再用热水洗净除去银、铜等硫酸盐。加入新的浓硫酸进行加温浸出，经反复浸出洗涤 3～4 次，最后产出的金粉经洗净烘干，金的品位可达 95%以上，干燥后加熔剂熔炼，产出的金成色可达 996～998。浸出的硫酸盐溶液和洗液用铜置换银(如合金中有钯时，被溶解的钯也和银一道被还原)后，再用铁置换铜。余液经蒸发浓缩除去杂质后回收粗硫酸。

(2) 硝酸分银法

硝酸分解的速度快，溶液含银饱和浓度高，一般在自然条件下进行(不需加热或在后期加热以加速溶解)，故被广泛采用，通常采用1∶1的稀硝酸溶解银。为最大限度地除去银，硝酸分银前应预先将合金水淬成粒状或压制成薄片状，并要求台质金中含金量不大于33％，以加速银的溶解和提高金的成色。

硝酸分银作业，可在带搅拌的不锈钢或耐酸搪瓷反应釜中进行。加入水淬合金后，先用少量水润湿，再分次加入硝酸。加入硝酸后，反应便很剧烈，放出大量棕色的二氧化氮气体。加入硝酸不宜过速，以免反应过于剧烈而冒槽。在一般情况下，当逐步加完硝酸，反应逐渐缓慢后，抽出硝酸银溶液，加入一份新硝酸溶解。经反复2～3次，残渣经洗涤烘干后，再加入硝石于坩埚中进行熔炼造渣，便可获得纯度99.5％以上的金锭。

硝酸银溶液可用食盐处理得到氯化银沉淀，再用锌和硫酸还原银，加熔剂熔化即可得纯度达99.8％左右的纯银锭。也可用铜置换法回收，如合金中含有铂、钯，在溶解过程中进入溶液，在用铜置换时，铂、钯与铜一起被还原。

(3) 王水分金法

该方法适用于含银量低于8％的粗金，用王水溶解金，使银呈氯化银沉淀而被分离出去。

王水溶金的作用，是由于硝酸将盐酸氧化生成氯和氯化亚硝酰：

$$HNO_3+3HCl = NOCl+Cl_2\uparrow+2H_2O$$

氯化亚硝酰是反应的中间产物，它又分解为氯和一氧化氮：

$$2NOCl = 2NO\uparrow+Cl_2\uparrow$$

氯与金作用，生成氯化物进入溶液，其总反应式为：

$$Au+HNO_3+3HCl = AuCl_3+NO\uparrow+2H_2O$$

王水分金，是将不纯粗金水淬成粒状或轧制成薄片，置于耐烧玻璃容器或耐热瓷缸中进行，按每份金分数次加入3～4份王水，在自热或后期加热下进行溶解，溶解完后进行静置、过滤，再浓缩赶硝，然后用硫酸亚铁、亚硫酸钠或草酸进行还原，得到海绵金。海绵金经洗涤、烘干、铸锭，可产出99.9％或更高成色的纯净黄金。

产出的AgCl可用铁屑或锌粉置换回收银，还原金后液，用锌粉置换出铂、钯精矿，集中送分离提纯铂族金属。

(4) 草酸还原精炼法

从氯金酸溶液中还原金的还原剂很多，草酸还原的选择性好、速度快，实际应用较多。草酸还原精炼的原料一般为粗金或富集阶段得到的粗金粉，含金品位80％左右即可。先将粗金粉溶解使金转入溶液，调酸后以草酸作还原剂还原得纯海绵金，经酸洗处理后即可铸成金锭，品位可达99.9％以上。草酸还原反应为：

$$2HAuCl_4+3H_2C_2O_2 = 2Au+8HCl+6CO_2$$

草酸还原操作是将王水溶解液或氯化液加热至70 ℃左右，用20％NaOH调溶液pH值至1～1.5，搅拌下，一次加入理论量1.5倍的固体草酸，反应开始剧烈进行。当反应平稳时，再加入适量NaOH溶液，反应又加快，直至加入NaOH溶液无明显反应时，再补加适量草酸，使金反应完全。过程中始终控制溶液pH在1～1.5，反应终了后静置一定时间。经过滤得到的海绵金以1∶1硝酸及去离子水煮洗，以除去金粉表面的草酸与贱金屑杂质，烘干后即可铸锭，品位大于99.9％。

还原母液用锌粉置换，回收残存的金。置换渣以盐酸水溶液浸煮，除去过量锌粉，返回液氯化工序。

10.2.4 电解精炼法

用于金电解的原料通常含金在90%。粗金得到的金一般含金银>98%，当银的含量较高时，需先进行银电解，使含金在90%以上。

国内外几乎全采用氯化金电解法，又称沃耳维尔法。它是在大电流密度和高浓度氯化金溶液中进行电解，电解时粗金阳极板不断溶解，阴极不断析出电解纯金。

(1) 金电解的原理

熔铸成的粗金为阳极，纯金为阴极，金的氯络合物水溶液及游离酸作电解液进行金电解。过程机理表示为：

$$\text{Au(纯)(阴极)——}HAuCl_4+HCl+H_2O\text{(电解液)——Au(粗)(阳极)}$$

阳极主反应：

$$Au-3e═AuCl_4^-$$

阴极主反应：

$$AuCl_4^-+3e═Au$$

即含杂质的粗金溶解于溶液，电位比金更正的元素不溶解，进入阳极泥；电位比金更负的元素溶解，进入溶液或形成AgCl等不溶物沉淀，进入溶液的负电性金属在阴极上不能放电析出，仍在溶液中，从而使金得到提纯。阴极析出的电金的致密性随电解液中金浓度的提高而增大，故金电解均采用高浓度金的电解液。

(2) 金电解精炼的操作及指标

① 阴极的制作。将纯金扎制成片，再剪成阴极片。也可用电积法，用银为阴极，涂上蜡层，电解沉积金达0.3～0.4 mm时，取出剥下金片，再剪成阴极片。

② 粗金阳极板的熔铸。将粗金配硼砂、硝石在1 200～1 300 ℃温度下熔化造渣1～2 h。原料熔化后，还可根据造渣情况加入少量硝石等氧化剂再进行造渣。在过程中由于强烈的氧化和碱性炉渣的侵蚀，坩埚液面的部位常会受到严重侵蚀，甚至被烧穿。为此，可视坩埚情况加入适量洁净干燥的碎玻璃，用以中和碱渣来保护坩埚，并吸附液面的渣。熔炼造渣完成后，用铁质工具清除液面浮渣，取出坩埚，浇铸于经预热的模内。浇铸时不要把阳极模子夹得太紧，以免阳极板在冷凝时断裂。由于金阳极小，冷凝速度快，因此除要烤热模子外，浇铸的速度亦要快。阳极板的规格各厂不一，在某些工厂为160 mm×90 mm×10 mm，每块重3～3.5 kg，含金在90%以上。

③ 电解液的配制。制取金电解液有王水溶金法和隔膜电解法两种。王水溶金法将纯金用王水溶解，赶硝后，再用盐酸水溶液按要求配制成电解液。隔膜电解法用粗金作阳极，纯金作阴极，阴极外套素烧陶瓷坩埚，电解槽内的电解液用$HCl:H_2O=2:1$配成，坩埚内的电解液$HCl:H_2O=1:1$配成。通入脉动电流，从阳极溶解下来的金不能通过坩埚而在阳极液中积累，最后可制得含金250～300 g/L，含盐酸约200～300 g/L，相对密度为1.33～1.4的溶液，即金电解液。

④ 电解操作条件和技术经济指标。电解槽一般用塑料制成。槽内电极并联，槽与槽串联。先向电解槽内加电解液，把套有布袋的阳极挂入槽中，再依次挂入阳极。通电并做好槽

面维护。

金电解精炼的电解液，一般含 Au 250～300 g/L、HCl 200～300 g/L；在高电流密度作业时，含金宜高些；电解液中含铂不宜超过 50～60 g/L，含钯不宜超过 5 g/L。

当阴极金达到一定厚度时，取出换上新阴极。

(3) 金电解精炼产品及处理

① 阴极金。出桶后的阴极金，称为电金，应先用净水冲洗，去掉表面的电解液、洗液，但不能弃去。电金送去铸锭。熔铸在坩埚中进行，熔化温度为 1 300 ℃。熔化后，金液表面宜用火硝覆盖(勿用炭覆盖)。铸模宜预热，熏上一层烟火，以利脱模。浇注应特别小心，防止金液外溅。铸成的金锭脱模后，要用稀盐酸淬洗，并用洁净纱布蘸上酒精，擦拭金锭表面，使之发亮。电金成色在 999.6 以上。

② 残极。电解一定时间后，阳极溶解得残缺不堪，称为残极。残极取出后，要精心洗刷，收集其表面的阳极泥，然后送去与二次黑金粉一起熔铸成新的阳极。

③ 阳极泥。金电解精炼的阳极泥产出率为阳极质量的 20%～25%，其主要成分为金、银，也有少量铂族金属。一般送去与一次黑金粉或二次黑金粉一道熔铸。

④ 电解废液。当电解液中铂族元素含量累积到 10 g/L 时，宜送去回收铂、钯。但电解液中仍含有金 250～300 g/L，所以回收铂、钯之前，应先将金回收。先用还原法回收所含的金，然后作为回收铂族金属的原料进一步处理。

更换电解液时，将废电解液抽出，清出阳极泥，洗净电解槽后再加新电解液。废电解液和洗液全部过滤，洗净烘干阳极泥，并回收废电解液和洗液中的金、铂族金属。

10.2.5 溶剂萃取精炼法

溶剂萃取技术在我国贵金属冶金中得到迅速发展，科技工作者对金的萃取剂进行了大量的试验研究。由于三价金能与多数有机试剂形成稳定的络合物溶于有机溶剂中，萃取分离就很有利。金的萃取剂甚多，除二丁基卡必醇、二异辛基硫醚、仲辛醇及乙醚外，还有甲基异丁基酮、磷酸三丁酯、酰胺 N_5O_3 以及石油亚砜、石油硫醚等都是金的良好萃取剂。

萃取精炼法效率高，工序少，产品较纯，返料少，操作简单，适应性强，生产周期短，金属回收率高，是金精炼的好方法，目前用于工业生产的多是萃取含金和铂族元素的溶液，金的含量可以在很大的范围内都较好地萃取。

(1) 二丁基卡必醇萃取金

二丁基卡必醇(二乙二醇二丁醚)属于长碳链的醚类有机化合物，对金有优良的萃取性能。当有机相中金浓度达 25 g/L 时，萃取余液中金浓度不超过 10 mg/L，即分配比为 2 500。二丁基卡必醇萃取金时，贱金属在较低的酸度下萃取甚微，而金几乎全部萃取，分离彻底。二丁基卡必醇萃取金的速度很快，金的萃取容量在 40 g/L 以上。有机相中的杂质，可以用 0.5 mol/L 的盐酸洗除尽。二丁基卡必醇萃取金因萃取分配比大，反萃困难，可将载金有机相加热至 70～80 ℃，用草酸还原 2～3 h，金即可全部被还原，得到海绵金。经酸洗、水洗、烘干，熔铸得纯度达 99.9%的金锭。

(2) 二异辛基硫醚萃取金

二异辛基硫醚为无色透明的油状液体，与煤油等有机溶剂可无限混溶。萃取金反应：

$$HAuCl_4 + nR_2S = AuCl_3 \cdot nR_2S + HCl$$

二异辛基硫醚在较低酸度(2 mol/L)下萃取金时，贱金属萃取甚微，而金几乎全部萃取，分离彻底。萃取剂浓度以50%硫醚为宜，硫醚浓度太低易出现第三相，含金有机相不易保持稳定。

温度对二异辛基硫醚萃取金的影响不大，13～38 ℃下金的萃取率均达99.98%。温度过低(30 ℃以下)易生成第三相。因此在常温下萃取时应添加一定量的醇作为抑制剂。

二异辛基硫醚萃取金的速度很快，金的萃取在5 s内达到平衡。

萃金有机相经盐酸洗涤除杂质后，用亚硫酸钠的碱性溶液作反萃剂，在室温下即可使有机相中的金以金亚硫酸络合物形式转入水相。再用盐酸将含金溶液酸化，金即刻析出。经过滤、酸洗、水洗、烘干，焙铸得纯度达99.99%的金锭。二异辛基硫醚有机相经稀盐酸再生后反复使用。

(3) 仲辛醇萃取金

仲辛醇在盐酸溶液中萃取金为：

$$[ROH]Cl + HAuCl_4 = [ROH]AuCl_4 + HCl$$

$[ROH]AuCl_4$ 与草酸的还原反应为：

$$2[ROH]AuCl_4 + 3H_2C_2O_4 = 2Au + 2C_8H_{17}OH + 8HCl + 6CO_2$$

即草酸反萃反应。

仲辛醇萃取金只有当溶液中 Au∶(Pt+Pd)>50 时才对金生效。

(4) 乙醚萃取精制高纯金

晶体管、各种集成电路及精密仪表等电子技术需要高纯金。通常将99.9%的金溶于王水，再经反萃取后以二氧化硫还原，得到的海绵金经过硝酸煮沸30 min，用去离子水洗涤至中性，烘干后包装，产品为纯度99.999%的金。

(5) 甲基异丁基酮萃取金

甲基异丁基酮属中性含氧萃取剂，在氯络金酸溶液中萃取金时形成不稳定的缔合物 $[(CH_3)_2CHCH_2COCH_3H]^+AuCl_4^-$，它易被草酸还原。甲基异丁基酮的沸点低，易燃，需要冷凝装置。

10.3 成品金锭的熔铸

熔铸成品金锭的材料主要为电金以及达标准要求的化学法、萃取法提纯产出的纯金。一般采用柴油地炉熔化以提高炉温，地炉的构造与煤气地炉相同。采用60号坩埚，经烘烤并检查无损坏后，每埚每次加入电金35～60 kg，逐渐升温至1 300～1 400 ℃，待金全部熔化并过热时，金液呈赤白色，加入化学纯硝酸钾和硼砂各10～20 g造渣。

经造渣和清渣后，取出坩埚，用不锈钢片清理净坩埚口的余渣，在液温1 200～1 300 ℃，模温120～150 ℃下，将金液沿模具长轴的垂直方向注入模具中心。浇铸速度应快、稳和均匀，避免金液在模内剧烈波动。金液注入位置应平稳地左右移动，以防金液侵蚀模底。

锭模为敞口长方梯形铸铁平模。加工后的内部尺寸为：长260 mm(上)、235 mm(下)，宽80 mm(上)、55 mm(下)，高40 mm。用柴油棉纱擦净锭模，置于地炉盖上烘烤，烘烤温度为150～180 ℃，点燃乙炔，熏上一层均匀的烟，水平放置(用水平尺校平)，待浇铸。

为了保证锭面平整，避免缩坑，浇完一块锭后立即用硝酸钾水溶液浸透纸盖，再用预热至 80 ℃以上的砖严密覆盖，动作应快而准确。待锭冷凝后，将其倾于石棉板上，立即用不锈钢钳将其投入 5%稀盐酸缸中浸泡 10～15 min，然后，将其取出用自来水洗刷净，并用纱布抹干后再用无水酒精或汽油清擦表面。质量好的金锭经清擦后应光亮如镜。废锭须重铸。

每坩埚铸锭 3～5 块，化验样 3～4 根，金锭含金 99.99%以上，每块重 10.8～13.3 kg。经厂检验员检验合格后，用钢码打上顺序号、年、月，按块磅码(精度 1/100 g)，开票交库。

11 黄金选冶实践

经过多年的发展，选矿-氰化工艺和全泥氰化工艺已经成为目前黄金选冶厂最常见的两种工艺流程。本章将结合实际黄金选冶厂对这两种典型工艺进行详细的介绍。

11.1 选矿-氰化工艺

11.1.1 矿石性质

(1) 矿石的化学成分

山东某金矿所处理矿石为典型蚀变岩型金矿，综合原矿多元素分析结果如表 11-1 所列。

表 11-1　　金矿石化学成分

化学成分	SiO_2	Al_2O_3	Fe_2O_3	S	K_2O	Na_2O	CaO
含量/%	72.56	13.29	2.47	0.49	5.07	3.00	0.54
化学成分	MgO	Au	Ag	Cu	Pb	Zn	
含量/%	0.069	3.45×10^{-4}	$<5.0\times10^{-4}$	<0.002	0.010	0.012	

(2) 矿石的主要矿物组成

采用透反射偏光显微镜、X-射线衍射、扫描电镜及电子探针能谱仪等测试设备，对矿石的矿物组成进行了分析检测。

原矿的 X-射线衍射分析结果(图 11-1)表明，矿石中的主要矿物为石英、长石、云母及少量黄铁矿。光学显微镜及扫描电子显微镜分析表明，矿石中的主要金属矿物为黄铁矿，另有少量的黄铜矿、孔雀石、闪锌矿、方铅矿、赤铁矿(褐铁矿)及微量自然金、自然银等。矿石中的主要非金属矿物有石英、长石类矿物和云母类矿物，另含少量的方解石、绿泥石及高岭石类黏土矿物。

(3) 矿石构造和结构特征

矿石的构造特征如下：

① 块状构造：矿石中所见的块状构造不多，矿石中的黄铁矿、黄铜矿等主要呈团块状集合体分布，无显著的方向性。

② 浸染状构造：是矿石的主要构造类型，黄铁矿等金属矿物呈稀疏浸染状构造分布，偶见有稠密浸染构造。

③ 不规则脉状(带状)构造：该构造类型也较为常见，黄铁矿集合体沿着脉石矿物石英、长石的裂隙分布，形成不规则脉状，部分绢云母沿着斜长石的双晶纹方向也呈带状分布。

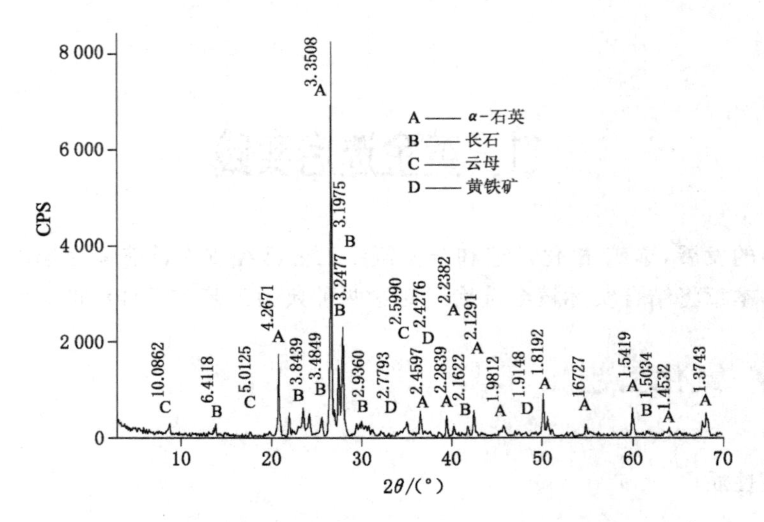

图 11-1　原矿的 X-射线衍射图

④ 鳞片状构造:细小的绢云母集合体呈现鳞片状分布,形成片状构造,该构造类型较为常见。

矿石的结构类型包括:

① 自形晶结构:矿石中部分黄铁矿具有自形晶结构,黄铁矿晶粒界面平直,薄片中可见正方形、长方形、三角形等规则的几何外形。

② 半自形-他形粒状结构:矿石中大多数黄铁矿具有半自形-他形晶体结构,矿物晶粒界面不完全平直,晶体颗粒不规则地嵌布在脉石中。

③ 包含结构:在脉石矿物晶体中包含有细粒他形的金属硫化物,形成包含结构。

(4) 金矿物种类及其赋存形式

采用电子探针能谱仪在矿石光片上对金矿物颗粒的成分进行了测定,共测定金矿物颗粒 149 颗,测定结果统计见表 11-2。结果表明,矿石中的金矿物包括自然金和银金矿两种:以银金矿为主,占 80.54%;自然金占 19.46%。测定自然金平均成色为 846.84,银金矿的平均成色为 689.90,矿石中金矿物平均成色 720.44。

表 11-2　　金矿物的种类及成色测定结果

金矿物种类	含量		平均成色
	颗粒数	颗粒百分数/%	
自然金	29	19.46	846.84
银金矿	120	80.54	689.90
合计	149	100	720.44

采用扫描电镜对矿石光片中金矿物的赋存形式、连生矿物及载体矿物类型等进行了研究,结果统计见表 11-3。

表 11-3　　金矿物赋存形式及载体矿物特征

嵌布类型	包裹金			裂隙金			粒间金			颗粒总数
颗粒个数/个	84			23			42			149
百分比/%	56.38			15.43			28.19			100
载体矿物	矿物	颗粒数/个	百分比/%	矿物	颗粒数	百分比/%	矿物	颗粒数/个	百分比/%	
	黄铁矿	76	90.48	黄铁矿	22	95.65	黄铁矿	5	11.90	
	黄铜矿	4	4.76	石英	1	4.35	黄铁矿/黄铜矿	28	66.67	
	石英	2	2.38				黄铁矿/钾长石	5	11.90	
	钾长石	2	2.38				黄铁矿/石英	2	4.76	
							黄铁矿/闪锌矿	1	2.38	
							黄铁矿/方铅矿	1	2.38	

由表 11-3 中数据可以看出，金矿物主要以包裹金、粒间金和裂隙金的形式存在，按照观察的颗粒个数，分别占 56.38%、15.34%和 28.19%。此外，该矿石中金矿物的赋存状态具有以下特点：

① 金与黄铁矿关系密切，统计结果表明：与黄铁矿矿物有关的金颗粒总计有 140 个，占所有发现金颗粒的 93.96%；其次与黄铜矿关系也较为密切，总计发现与其相关的金颗粒 32 颗，占总数的 21.47%；另有少量的金矿物与钾长石、石英、方铅矿和闪锌矿有关。

② 在所有发现的金矿物中，以包裹金形式产出的金最多，占金颗粒总数的 56.38%；其次为粒间金形式，占金颗粒总数的 28.19%；裂隙金数量最少，占总数的 15.43%。

③ 包裹金大多见于黄铁矿颗粒中，黄铁矿包裹金占颗粒总数的 90.48%，偶见于黄铜矿、石英和钾长石矿物中。

④ 裂隙金大多产于黄铁矿的裂隙中，黄铁矿裂隙金占裂隙金总数的 95.65%，偶见于石英的裂隙中有金产出。

⑤ 粒间金主要见于黄铁矿和黄铜矿的晶体颗粒之间，占粒间金总数的 66.67%，另在黄铁矿的颗粒间，黄铁矿和石英、黄铁矿和钾长石、黄铁矿和闪锌矿及黄铁矿和方铅矿的颗粒间偶见有粒间金产出。

(5) 金矿物的粒度特征

采用扫描电镜，对观察的金矿物颗粒的粒度进行了统计分析，结果见表 11-4。

表 11-4　　金矿物粒度分布特征

粒度	粒度范围/μm	粒度统计		体积统计	
		粒数	百分比/%	体积/μm^3	体积百分比/%
中粒	37～54	6	2.62	253 663.40	45.29
细粒	10～37	88	38.43	292 307.90	52.19
微粒	5.0～10	66	28.82	12 223.12	2.18
微粒	1.0～5	69	30.13	1 839.34	0.33
合计		229	100.00	560 033.76	100.00

粒度统计结果表明，矿石中的金矿物主要以小于37 μm的金颗粒为主。按照金矿物颗粒数统计，大于54 μm的金颗粒没有发现，37～54 μm的只有6粒，但是其体积百分比为45.29%，说明其粒度远远大于其他颗粒的粒度，大部分颗粒的粒度分布在1～37 μm，该粒度范围内的颗粒数占统计总颗粒数的百分比为97.38%，累计体积百分比为54.71%。

（6）金矿物的解离性

为了考察矿石中金矿物的解离性，采用化学物相分析的方法，测定了该矿石不同磨矿细度下裸露金、硫化物包裹金和硅酸盐包裹金的分布，测定结果见表11-5。

表11-5　不同细度原矿样品中金的物相分析

磨矿细度（－200目）/%	裸露金		硫化物包裹金		硅酸盐包裹金	
	含量/(g/t)	分布率/%	含量/(g/t)	分布率/%	含量/(g/t)	分布率/%
34.78	2.18	63.19	0.80	23.19	0.47	13.62
43.97	2.54	73.62	0.58	16.81	0.33	9.57
53.71	2.79	80.87	0.52	15.07	0.14	4.06
61.64	2.83	82.03	0.49	14.20	0.13	3.77
68.21	2.86	82.90	0.46	13.33	0.13	3.77
74.63	2.89	83.77	0.44	12.75	0.12	3.48
76.70	2.92	84.64	0.41	11.88	0.12	3.48
80.49	2.94	85.22	0.40	11.59	0.11	3.19

测定结果表明：① 随着磨矿粒度变细，裸露金的含量和分布率逐渐增加，而硫化物包裹金和硅酸盐包裹金的含量和分布率逐渐降低，当磨矿细度达到50%～60%时，变化幅度变小。② 该矿石中的金矿物易于解离，在较粗的磨矿细度下，裸露金的含量明显高于包裹金，这说明金矿物在矿石中易于破碎解离。③ 随着磨矿细度变细，硅酸盐包裹金的含量显著降低，当磨矿细度达到－200目53.71%以上时，硅酸盐包裹金的含量可降低至4%以下，而裸露金和硫化物包裹金分别达到80.87%和15.07%。

（7）金矿物外形形态特征

根据扫描电镜测定结果，金矿物的形态包括粒状、麦粒状、叶片状和针线状等类型。其中，麦粒状金颗粒最多，占金矿物颗粒总数的38.43%、体积含量23.40%；其次为针线状、叶片状、颗粒状，颗粒百分数分别为22.27%、20.52%和18.78%，体积百分数分别为29.72%、27.31%和19.58%。统计不同颗粒形态金矿物的数量见表11-6。

表11-6　金矿物颗粒形态统计

序号	延展率	形态特征	粒度统计		体积统计	
			粒数	百分比/%	体积/μm^3	体积百分比/%
1	1.0～1.5	粒状	43	18.78	109 628.1	19.58
2	1.5～3.0	麦粒状	88	38.43	131 069.8	23.40
3	3.0～5.0	叶片状	47	20.52	152 921.7	27.31

续表 11-6

序号	延展率	形态特征	粒度统计		体积统计	
			粒数	百分比/%	体积/μm^3	体积百分比/%
4	>5.0	针线状	51	22.27	166 414.1	29.72
合计			229	100.00	560 033.6	100.00

(8) 矿石中主要金属矿物的嵌布特征

① 黄铁矿。矿石中黄铁矿的含量约为2%,在偏光显微镜中可见黄铁矿存在。薄片中黄铁矿不透明,为黑色,散布在透明的脉石矿物中,光片中黄铁矿表面多比较新鲜,反光色为浅黄白色。其存在形式主要有带状或团聚状集合体,包含在脉石矿物中,也有的呈细分散浸染状散布在脉石矿物中。部分黄铁矿在矿石中主要呈他形~半自形晶粒存在,另有少量的黄铁矿呈自形晶出现,也有部分黄铁矿呈他形晶粒结构分布在脉石矿物中,形成包含结构,在一些脉石矿物的裂隙中也可见黄铁矿呈细微条带状集合体产出。黄铁矿在矿石中嵌布粒度不均匀,在黄铁矿集合体中呈自形晶、半自形晶结构产出的黄铁矿粒度最大可到0.20 mm,最小为0.000 2 mm,呈粗粒嵌布者粒度大于0.15 mm的黄铁矿含量较多,约占65%左右;呈细粒嵌布者粒度一般为0.15~0.10 mm,这部分黄铁矿含量约占30%左右;呈微细粒嵌布者粒度一般为0.1 mm以下,约占5%左右,这部分黄铁矿主要呈细分散浸染状分布。

② 黄铜矿及其氧化物孔雀石。矿石中的黄铜矿含量很小,在矿石的X-射线衍射图上未能检出,黄铜矿反光色为铜黄色,黄色调较黄铁矿深一些。在手标本中可见黄铜矿部分发生氧化,生成浅绿色的孔雀石。

③ 其他金属矿物。根据矿石多元素分析及显微镜下及电子能谱分析结果,在矿石中含有微量的赤铁矿、方铅矿、闪锌矿、自然金和自然银等金属矿物,以上矿物在矿石的X-射线衍射图上都未能检出,含量很少,显微镜下未能发现。

11.1.2 选冶工艺流程

该矿选冶工艺主要包括选矿和氰化两套工艺系统,选矿工艺设计日处理能力为920 t,氰化工艺设计日处理能力为200 t。

(1) 选矿工艺流程

其选矿系统工艺流程如图11-2所示。由井下提升上来的矿石给入格筛,筛上大块矿石经捶碎后与筛下物一同进入粗碎颚式破碎机,破碎产物经皮带运输至双层振动筛进行筛分,获得三种粒级产物,-12 mm细粒级产物作为合格破碎产品直接由皮带运输至粉矿仓,+40 mm粗粒级产物进入中碎颚式破碎机破碎,破碎产物与12~40 mm中间粒级产物一同通过皮带给入圆锥破碎机进行细碎,细碎产物通过皮带输送返回双层振动筛,形成闭路。粉矿仓内的矿石由振动给料机下料至皮带,矿石经皮带运输并直接给入一段球磨机(MQG2430),球磨产物自流进入跳汰机(400×600)提前回收粗粒金,跳汰精矿作为最终金精矿,跳汰尾矿自流进入螺旋分级机(FG-20),分级机沉砂返回球磨机再磨,分级机溢流自流进入泵池,由泵扬送至旋流器(ϕ500)进行分级,旋流器底流进入二段球磨机(MQG1530)进行磨矿,磨矿产品自流返回泵池,旋流器溢流自流进入浮选工艺。浮选工艺采用优选——一段粗选——一段精选—两段扫选流程,优选精矿、精选精矿与跳汰精矿一起作为最终精矿,扫选尾矿作为最终尾矿产品排出。

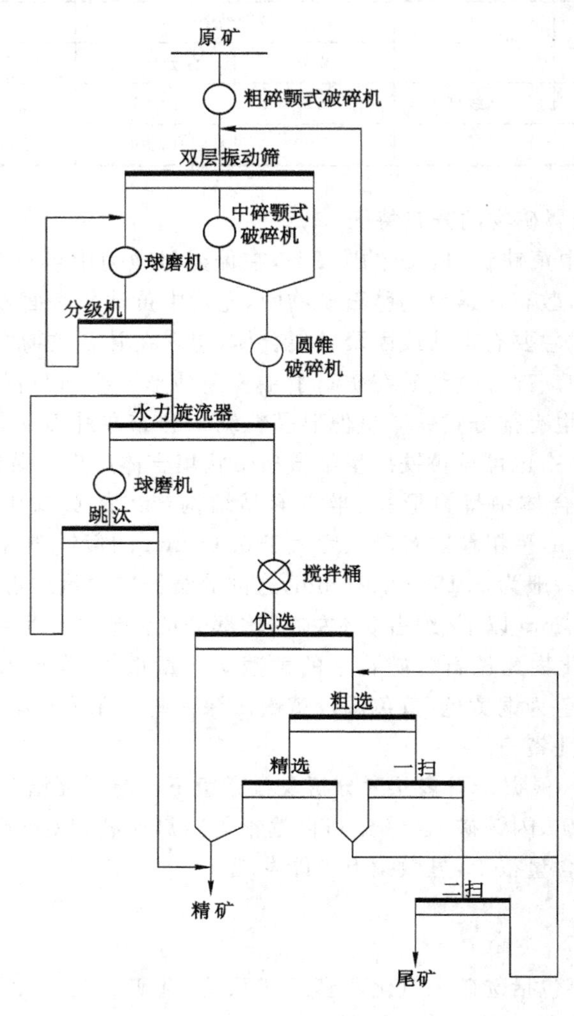

图 11-2 选矿系统工艺流程

(2) 氰化系统工艺流程

氰化系统工艺流程如图 11-3 所示。浮选精矿加水和石灰调浆后，泵送给入旋流器(ϕ150 mm)分级，旋流器底流进入球磨机(MQY1530)进行细磨，磨矿产品自流进入缓冲槽形成闭路；旋流器溢流给入高效单层浓密机(ϕ16.5 m)进行浓缩，在浓密机内实现碱预浸作业。浓密机溢流进入碱液池作为氰化系统生产水使用；浓密机底流进入压滤机(300 m^2)压滤，滤饼经高浓度搅拌桶(2 500 mm×5 000 mm)二次调浆后，泵送给入一段空气搅拌浸出槽(ϕ4 m)浸出，同时加入氰化物，浸出矿浆进入双层浓密机(ϕ16.5 m)完成一洗和二洗作业。二洗溢流返回一洗作为洗水使用，一洗溢流作为最终贵液产品进入锌置换工艺，获得金泥，金泥集中冶炼；二洗底流进入二段空气搅拌浸出槽(ϕ4 m)浸出，二段浸出矿浆进入三层浓密机(ϕ16.5 m)完成三洗、四洗和五洗作业，洗涤溢流顺次逆流返回，五洗溢流返回四洗作为洗水使用，四洗溢流返回三洗作为洗水使用，三洗溢流返回二洗作为洗水使用，五洗底流通过压滤机(340 m^2)脱水后得到浸渣。

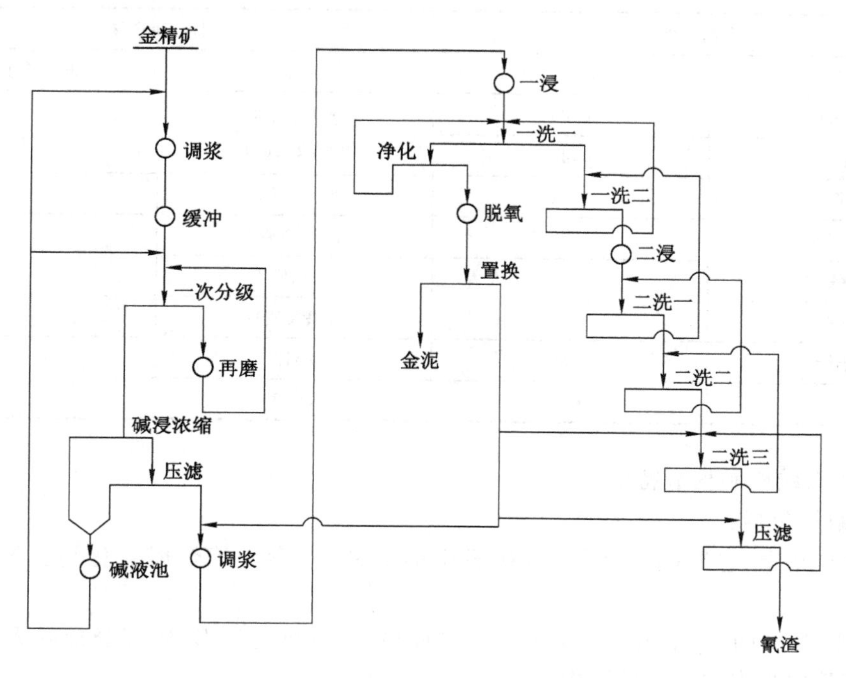

图 11-3 氰化系统工艺流程

11.2 全泥氰化工艺

11.2.1 矿石性质

(1) 矿石的化学成分

山东某金矿为典型灰岩型含金矿石,原矿多元素分析结果见表 11-7。

表 11-7 原矿多元素分析结果

元素	Au	Ag	Cu	Pb	Zn	Fe	S
含量/%	7.01	17.73	70	0.028	0.01	2.66	1.09
元素	As	C	MgO	Al_2O_3	SiO_2	CaO	
含量/%	0.09	7.91	6.11	3.69	29.96	18.21	

(2) 矿石的主要矿物组成

矿石中主要金属矿物为黄铁矿,少量的毒砂、黄铜矿、方铅矿、赤铁矿、褐铁矿和自然碲,金矿物以自然金为主,次为碲金矿,微量叶碲金矿。脉石矿物以方解石、白云石为主,次为长石、石英、云母、高岭土、锆石、萤石和石墨等。矿石矿物相对含量测量结果见表 11-8。

表 11-8　　　　矿石矿物组成分析测量结果

<table>
<tr><th colspan="2">金属矿物</th><th colspan="2">非金属矿物</th></tr>
<tr><th>矿物</th><th>相对含量/%</th><th>矿物</th><th>相对含量/%</th></tr>
<tr><td>黄铁矿</td><td>2.26</td><td rowspan="2">方解石、白云石等碳酸盐矿物</td><td rowspan="2">61.91</td></tr>
<tr><td>毒砂</td><td>0.20</td></tr>
<tr><td>黄铜矿</td><td>0.01</td><td>长石、石英</td><td>21.34</td></tr>
<tr><td>方铅矿</td><td>0.03</td><td>云母、高岭石</td><td rowspan="2">13.80</td></tr>
<tr><td>赤铁矿</td><td rowspan="2">0.30</td><td>萤石、锆石</td></tr>
<tr><td>褐铁矿</td><td>石墨及其他</td><td>0.15</td></tr>
<tr><td>小计</td><td>2.80</td><td>小计</td><td>97.20</td></tr>
<tr><td>合计</td><td colspan="3">100.00</td></tr>
</table>

(3) 矿石结构和构造特征

矿石结构包括：

① 半自形晶-它形晶粒状结构：矿石中的黄铁矿、毒砂等金属硫化物主要呈此结构嵌布。

② 自形晶结构：少量黄铁矿呈五角十二面体、立方体自形形态，部分毒砂为菱面体、斜方柱状、楔形等形态嵌布于矿石中。

③ 交代残余结构：偶见细小的黄铁矿颗粒残留于赤铁矿中。

矿石构造包括：

① 稀疏浸染状构造：黄铁矿、毒砂呈星散状浸染于矿石中。

② 稠密浸染状构造：金属硫化物局部较为密集浸染于矿石中。

③ 角砾状构造：受地质作用的影响，早期形成的碎屑角砾被后期物质胶结而形成角砾状构造。

④ 条带状构造：主要分布在围岩当中，浅色矿物与暗色矿物呈条带状分布。

(4) 金的矿物种类及成色分析

经镜下鉴定和扫描电镜能谱成分分析，矿石中金的矿物种类以自然金为主，占69.56%，平均成色 945.9；次为碲金矿(包括微量叶碲金矿)，占 30.44%；未见其他金矿物存在，检测结果见表 11-9。

表 11-9　　　　金矿物种类检测结果

矿物名称	自然金	碲金矿(包括叶碲金矿)	合计
金占有率/%	69.56	30.44	100.00

(5) 金矿物嵌布粒度特征

经对光片镜下测定并配合人工重砂分析得知，该矿石中金矿物的粒度组成以微粒金为主，占 63.45%，次为细粒金，占 28.47%，中、粗粒金含量较低，合计占 8.08%，其中粗粒金仅占 0.53%，人工重砂中所见最大金粒粒径为 0.26 mm×0.38 mm×0.02 mm(片状)。金矿物嵌布粒度测量结果见表 11-10。

表 11-10 **金矿物嵌布粒度测量结果**

粒级区间/mm	粗粒金	中粒金		细粒金	微粒金	合计
	＞0.074	0.074～0.053	0.053～0.037	0.037～0.01	＜0.01	
含量/%	0.53	1.24	6.31	28.47	63.45	100.00
		7.55				

（6）金矿物外形形态特征

通过镜下测定统计，矿石中金矿物嵌布形态以浑圆粒状、角粒状为主，其他形态含量较少，测量结果见表 11-11。

表 11-11 **金矿物外形形态测量结果**

延展率	边界规整圆滑		边界平整棱角明显		边界不平整有尖角枝叉		合计/%
	形态	含量/%	形态	含量/%	形态	含量/%	
1.0～1.5	浑圆状	38.47	角粒状	32.24	尖角粒状	7.81	78.52
1.5～3.0	麦粒状	9.21	长角粒状	7.05	枝杈状	0.93	21.48
3.0～5.0	叶片状	2.31	板片状	1.98			
＞5	针线状	—					—
合计	—	49.99	—	41.27	—	8.74	100.00

（7）金矿物赋存状态

经检测，该矿石中金矿物的赋存状态以粒间金为主，占 45.69%，次为包裹金，占 36.15%，裂隙金含量较低，占 18.16%。金与脉石矿物关系密切，呈浸染状赋存于脉石粒间、脉石裂隙和被脉石矿物包裹的金合计占 73.36%。金矿物赋存状态检测结果见表 11-12。

表 11-12 **金矿物赋存状态检测结果**

赋存类别	赋存状态	相对含量/%		合计/%
包裹金	脉石包裹	23.31	36.15	100.00
	硫化物包裹	12.84		
粒间金	脉石粒间	34.76	45.69	
	脉石与硫化物粒间	8.42		
	硫化物粒间	2.51		
裂隙金	脉石裂隙	15.29	18.16	
	硫化物裂隙	2.87		

（8）矿石中主要金属矿物的嵌布特征

① 黄铁矿：为矿石中主要金属硫化物，占矿石矿物相对含量的 2.26%。黄铁矿在矿石中嵌布粒度比较细小，以 0.01～0.053 mm 为主，主要以两种状态嵌布：一种是呈细粒星散状浸染于矿石中的黄铁矿，其粒度多为 0.037 mm 左右，以他形晶粒状结构为主，少量呈五

角十二面体或立方体自形形态产出，在矿石中占主要含量；另一种是呈球形胶体分布的黄铁矿，即由多粒微粒黄铁矿（粒度多为 0.01 mm 左右）组成的黄铁矿球形胶体，在矿石中占次要含量。单矿物和选择性溶金法综合分析表明：金与黄铁矿关系不密切。

② 毒砂：是矿石中含量较少的主要含砷矿物，占矿石矿物相对含量的 0.20%，嵌布粒度多为 0.02 mm 左右，主要呈他形晶粒状嵌布于脉石中，少量为楔形、菱面体、斜方柱状等自形形态，常与黄铁矿连晶嵌存或与黄铁矿相伴呈稠密浸染构造嵌布于矿石中。

③ 赤铁矿：为矿石中比较常见的金属氧化物，嵌布粒度多在 0.037～0.053 mm 区间，主要呈他形晶粒状嵌布于脉石粒间及裂隙中，少量赤铁矿粒度细小，呈针状、放射状等形态分布。

11.2.2 选冶工艺流程

该矿采用全泥氰化-炭浆吸附工艺提金，选厂处理能力为 500 t/d。工艺流程如图 11-4 所示。

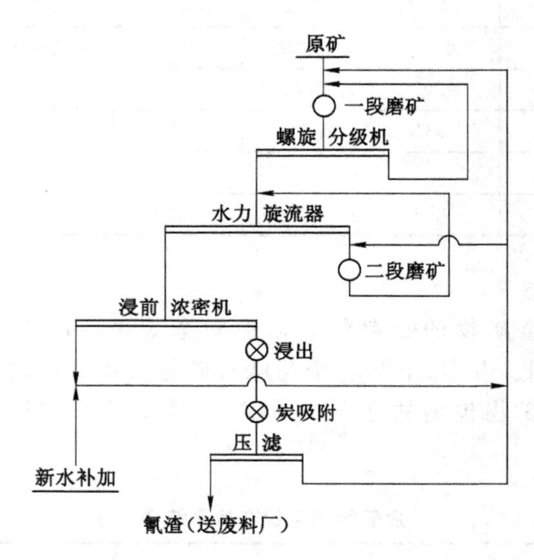

图 11-4　全泥氰化-炭浆吸附工艺流程

原矿由矿仓下给矿机（HBG1000×3000）给入胶带输送机（DT756550），由胶带输送机输送到 ϕ2.1 m×3 m 格子型球磨机粗磨，粗磨出料泵送到 ϕ250×4 旋流器组分级，沉砂进入 ϕ1.5 m×3 m 溢流型球磨机再磨形成闭路循环，最终磨矿粒度－0.074 mm 粒级占 95%、浓度 18% 的溢流进入浸前浓密机；浓密机底流（浓度 40%）用砂泵输送至搅拌浸出作业，溢流返回作为磨矿用水。搅拌浸出在 10 个 ϕ5 000 mm×5 500 mm 浸出槽中进行，浸出时间 24 h，前 4 槽中只进行浸出，后 6 槽中加入活性炭进行金的吸附回收，吸附时间 12.5 h，载金炭定期提出进行解吸，金吸附后的矿浆经搅拌槽缓冲后，由渣浆泵给入厢式压滤机（XMZ-340/15000）；滤液经电磁流量计计量后扬送至磨矿工段作为磨矿补加水，滤饼由汽车运至尾渣堆场。载金炭定期进行金的解吸和电积，电积金泥由中频电炉熔炼、铸锭，得到最终金锭。

参考文献

[1] 蔡创开,赖伟强.西北某难处理金矿浮选—热压联合处理工艺的改进研究[J].黄金科学技术,2013,21(5):132-135.

[2] 崔丙贵,许立中,王海东.生物氧化—氰化炭浸提金工艺研究及工程化实践[J].黄金,2009,30(5):33-37.

[3] 董岁明,周春娟.新疆某高硫高砷金精矿的预处理氰化浸金试验研究[J].黄金,2011,32(5):42-44.

[4] 段玲玲,胡显智.硫代硫酸盐浸金研究进展[J].湿法冶金,2007,26(2):62-66.

[5] 范艳利,张晓雪,李红玉.生物-化学两级循环反应器预处理坪定难处理金矿石[J].黄金,2009,30(7):41-45.

[6] 高伟伟,刘金强,李蕊蕊,等.气力搅拌浸出槽在黄金选厂的应用[J].黄金科学技术,2014,22(3):86-89.

[7] 高玉玺,胡树伟,王静,等.某金矿选矿厂工艺改造及生产调试[J].黄金,2013,34(2):61-64.

[8] 何琦,陆永军,张淑强,等.旋流-静态微泡浮选柱洗选金矿石的试验室研究[J].云南冶金,2011,40(3):24-27.

[9] 洪正秀,印万忠,马英强,等.某难氰化金精矿氧化预处理试验研究[J].金属矿山,2012(4):79-82.

[10] 黄怀国.某难处理金精矿的酸性热压氧化预处理研究[J].黄金,2007,28(6):35-39.

[11] 黄礼煌.金银提取技术[M].北京:冶金工业出版社,2001.

[12] 黄忠宝,王祥.预处理提高浮选金回收率试验研究[J].矿产保护与利用,2008(1):33-35.

[13] 焦瑞琦.低品位氧化金矿石选矿工艺的优化与改进[J].中国矿山工程,2014,43(1):32-35.

[14] 寇文胜,陈国民.提高难浸金精矿两段焙烧工艺金氰化浸出率的研究与实践[J].黄金,2012,33(5):47-49.

[15] 蓝碧波.边磨边浸过程中氰化物耗量大的机理探索[J].黄金,2010,31(8):41-46.

[16] 李德钧,张玉成.联合混汞回收金的试验研究及生产实践[J].有色矿冶,2008,24(1):20-22.

[17] 李福寿.改进浮选药剂制度 提高金回收率实践[J].黄金,2009,30(3):51-53.

[18] 李礼,谢超,陈冬梅,等.金尾矿综合利用技术研究与应用进展[J].资源开发与市场,2012,26(9):816-818.

[19] 李新春,张新红,肉孜汗,等.阿希金矿浮选工艺改造的生产实践[J].新疆有色金属,2009,32(4):34-35.

[20] 李志波. 浅论微细粒浸染型岩金矿的选矿工艺[J]. 中国外资,2012(1):154.

[21] 刘辰君. 世界黄金储备的现状及对中国的启示[J]. 武汉金融,2010(5):14-16.

[22] 刘学杰,于宏业. 全泥氰化提金工艺设计与实践[J]. 黄金,2006,27(6):40-43.

[23] 罗斌辉. 张家金矿硫脲提金工艺研究[J]. 湖南有色金属,2007,23(4):8-11,55.

[24] 罗增鑫. 某微细粒浸染难选金矿石新工艺试验研究[J]. 有色金属科学与工程,2011,2(6):86-88.

[25] 孟凡久,张金龙,孙永峰,等. 旋流静态-微泡浮选柱在三山岛金矿浮选工艺中的试验[J]. 金属矿山,2011(6):265-270.

[26] 牛桂强,杨永和,桑玉华. 焦家金矿选冶工艺技术改造与生产实践[J]. 金属矿山,2009(11):169-172.

[27] 任向军,牛桂强,衣成玉,等. 圆形浮选机在金矿选厂的应用[J]. 矿山机械,2010,38(20):72-74.

[28] 任忠富. 黄金资源国内外供需形势分析及合理开发利用建议[J]. 黄金,2009,30(12):1-4.

[29] 宋翔宇. 某氰化尾矿中金铜铅铁的综合回收试验研究[J]. 黄金,2012,33(4):39-42.

[30]瓦尔德拉马,刘万峰,李长根. 用非常规浮选柱浮选低品位尾矿中的细粒金[J]. 国外金属矿选矿,2008,45(10):11-15.

[31] 王艳荣. 乌拉嘎金矿尾矿中金回收工艺试验研究[J]. 黄金,2011,32(6):39-43.

[32] 王志江,李丽,刘亚川. 超细磨技术在难处理金矿中的应用[J]. 黄金,2014,35(6):54-57.

[33] 韦永福,吕英杰,等. 中国金矿床[M]. 北京:地震出版社,1994.

[34] 文政安,文乾. 低氰溴化法在低品位金矿石堆浸工业生产中的应用[J]. 黄金,2010,31(2):41-44.

[35] 徐敏时. 黄金生产知识[M]. 北京:冶金工业出版社,2007.

[36] 徐名特,孟德铭,代淑娟. 难选金预处理工艺研究现状[J]. 有色矿冶,2014,30(2):18-21.

[37] 徐晓军,白荣林,张杰,等. 黄金及二次资源分选与提取技术[M]. 北京:化学工业出版社,2009.

[38] 许永平,王立志,郭建峰. 氰化浸出搅拌槽压套改造及应用实践[J]. 黄金,2014,35(10):53-55.

[39] 薛忱,梁泽来. 贫硫化物含砷碳微细浸染型金矿石浮选试验研究[J]. 黄金,2011,32(12):42-46.

[40] 薛光,任文生. 薛元昕. 金银湿法冶金及分析测试方法[M]. 北京:科学出版社,2009.

[41] 薛光,于永江. 边磨边浸氰化提高金、银浸出率的试验研究[J]. 黄金,2010,31(4):42-43.

[42] 杨剧文,王二军. 黄金选冶技术进展[J]. 矿产保护与利用,2007(4):34-38.

[43] 杨松荣,邱冠周,胡岳华,等. 含砷难处理金矿石生物氧化工艺及应用[M]. 北京:冶金工业版社,2006.

[44] 张锦瑞,贾清梅,张浩. 提金技术[M]. 北京:冶金工业出版社,2013.

[45] 张明朴.氰化炭浆法提金生产技术[M].北京:冶金工业出版社,1994.
[46] 周博敏,安丰玲.世界黄金生产现状及中国黄金工业发展的思考[J].黄金,2012,33(3):1-6.
[47] 周东琴.某氰化尾渣中金的浮选回收试验研究[J].有色矿冶,2009,25(1):15-17.
[48] FENG D,DEVENTER. Thiosulphate leaching of gold in the presence of ethylenediaminetetraacetic acid(EDTA)[J]. Minerals Engineering,2010,23(2):143-150.
[49] OKTAY CELEP,IBRAHIM ALP,HACI DEVECI. Improved gold and silver extraction from a refractory antimony ore by pretreatment with alkaline sulphide leach[J]. Hydrometallurgy,2011,105(3-4):234-239.
[50] WILSON-CORRAL V,RODRIGUEZ-LOPEZ M,LOPEZ-PEREZ J,et al. Gold phytomining in arid and semiarid soils[M]. Brisbane: International Union of Soil Sciences,2010:26-29.
[51] VICTOR WILSON-CORRAL,CHRISTOPHER ANDERSON,MAYRA RODRIGUEZ-LOPEZ,et al. Phytoextraction of gold and copper from mine tailings with Helianthus annuus L. And Kalanchoe serrata L[J]. Minerals Engineering, 2011, 24: 1488-1494.
[52] ANDERSION C. Biogeochemistry of gold: accepted theories and new opportunities [M]. Southampton: WIT Press,2005:287-321.
[53] HEATH J A,JEFFREY M I,ZHANG H G,et al. Anaerobic thiosulfate leaching: development of in situ gold leaching systems[J]. Minerals Engineering,2008,21(6):424-433.